ZOUJIN AOMI SHIJIE

令孩子着迷的海洋奥秘传奇

走进奥秘世界

LING HAIZI ZHAOMI DE HAIYANG AOMI CHUANQI

主编 雨田

辽宁美术出版社

前言

PREFACE

没有平铺直叙的语言，也没有艰涩难懂的讲解，这里却有你不可不读的知识，有你最想知道的答案，这里就是《走进奥秘世界》。

这个世界太丰富，充满了太多奥秘。每一天我们都会为自己的一个小小发现而惊喜，而《走进奥秘世界》是你观察世界、探索发现奥秘的放大镜。本套丛书涵盖知识范围广，讲述的都是当下孩子们最感兴趣的

知识，既有现代最尖端的科技，又有源远流长的古老文明；既有驾驶海盗船四处抢夺的海盗，又有开着飞碟频频光临地球的外星人……这里还有许多人类未解之谜、惊人的末世预言等待你去解开、验证。

《走进奥秘世界》系列丛书以综合式的编辑理念，超海量视觉信息的运用，作为孩子成长路上的良师益友，将成功引导孩子在轻松愉悦的氛围内学习知识，得到切实提高。

编　者

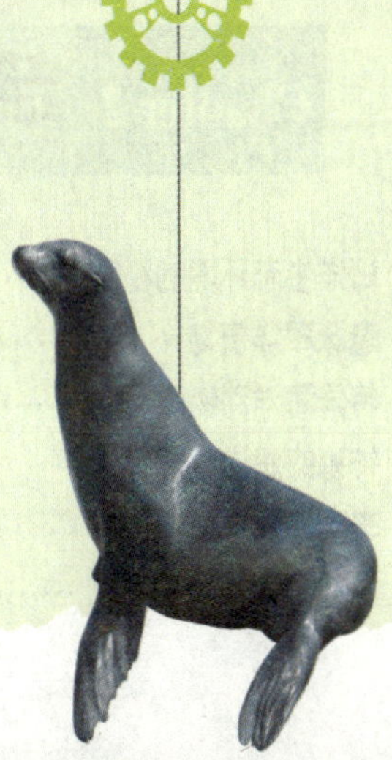

目录
CONTENTS

Chapter 1 第一章

Chapter 2 第二章

Chapter 3 第三章

Chapter 4 第四章

Chapter 5 第五章

Chapter 6 第六章

目录

CONTENTS

Chapter 7 第七章

CHAPTER 1 第一章

趣味海洋知识

地球通常被称为“蓝色的星球”，这是因为地球表面的百分之七十一都被海水所覆盖。海洋经历了复杂而奇妙的形成过程。

海洋形成原因

疑似陨石撞击是导致海洋形成的原因。

海洋的形成原因

ZOUJIN AOMI SHIJIE

dà yuē zài yì nián qián xíng xīng zhuàng jī dì qiú de cì shù jiǎn shǎo shǐ yán jiāng huó dòng jiǎn ruò dì qiú de biǎo miàn kāi shǐ lěng què jiàn jiàn de lěng níng de yán jiāng biàn chéng le yì céng báo ér hēi de dì qiào fù gài zài dì qiú shang hòu lái dì qiào yuè lái yuè hòu lěng què shǐ dà qì zhōng de shuǐ zhēng qì lěng níng bìng qiě yǐ jiàng yǔ de xíng shì luò dào dì miàn shang jiàn jiàn xíng chéng le dì qiú shang de dì yī gè hǎi yáng

大约在44亿年前，行星撞击地球的次数减少，使岩浆活动减弱，地球的表面开始冷却。渐渐地，冷凝的岩浆变成了一层薄而黑的地壳覆盖在地球上。后来地壳越来越厚，冷却使大气中的水蒸气冷凝，并且以降雨的形式落到地面上，渐渐形成了地球上的第一个海洋。

yóu yú cháo xī hé dì qiú zì zhuàn zài
由于潮汐和地球自转，在
dà yuē yì nián qián fàn dà lù fēn wéi liǎng
大约1.8亿年前，泛大陆分为两
dà kuài tóng shí gǔ dì zhōng hǎi hé gǔ jiā
大块。同时，古地中海和古加
lè bǐ hǎi yě kāi shǐ xíng chéng yí dòng dà lù
勒比海也开始形成。移动大陆
de qián yán yù dào xuán wǔ yán zhì jī dǐ de zǔ
的前沿遇到玄武岩质基底的阻
dǎng chǎn shēng le yīn jǐ yā hé zhě zhòu ér
挡，产生了因挤压和褶皱而
lóng qǐ de gāo shān ér zài dà lù yí dòng guò
隆起的高山，而在大陆移动过
chéng zhōng tuō luò xia lai de suì piàn zhú jiàn
程中脱落下来的“碎片”逐渐
biàn chéng le dǎo yǔ
变成了岛屿。

▲岩浆岩。

▲夏威夷基拉韦厄火山熔岩。

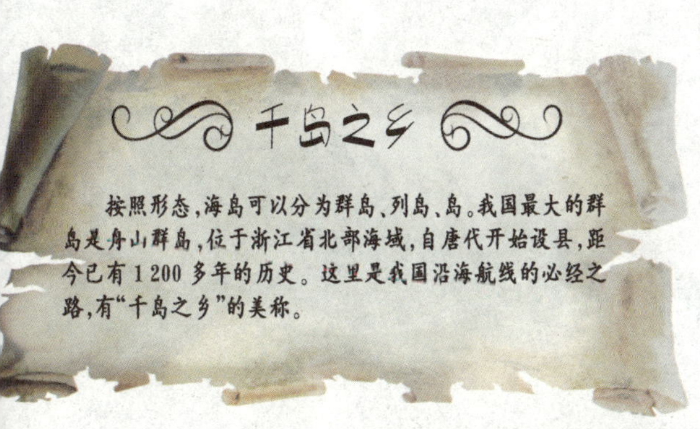

千岛之乡

按照形态，海岛可以分为群岛、列岛、岛。我国最大的群岛是舟山群岛，位于浙江省北部海域，自唐代开始设县，距今已有1 200多年的历史。这里是我国沿海航线的必经之路，有“千岛之乡”的美称。

▲北极附近的岛屿。

海洋经历了哪些发展历程

ZOUJIN AOMI SHIJIE

沧海桑田

喜马拉雅山存在的大量海洋生物遗迹证明了沧海桑田的传说。

喜马拉雅山

雄伟的喜马拉雅山是由板块的碰撞挤压形成的。

dà yuē zài yì nián qián chāo jí
大约在5.5亿年前，超级
dà lù yī rán yán zhe chì dào fēn bù suí hòu jù
大陆依然沿着赤道分布，随后巨
dà de liè xì sī kāi le dà lù hǎi shuǐ yǒng
大的裂隙撕开了大陆，海水涌
rù xíng chéng le dà piàn de qiǎn shuǐ qū yù
入，形成了大片的浅水区域。
zài zhī hòu de yì nián li dà lù kāi shǐ fēn
在之后的2亿年里，大陆开始分
lí bìng xiàng dì qiú liǎng duān piāo dòng
离并向地球两端漂动。

▲中生代的代表植物——蕨类植物。

dà yuē zài yì yì nián
大约在2.45亿~2.5亿年
qián dì qiú jìn rù le zhōng shēng dài shí
前，地球进入了中生代时
qī hǎi yáng hé lù dì zài xiāng hù de jìng
期，海洋和陆地在相互的“竞

灵长类动物——古猿。

三叶虫

三叶虫的身体呈椭圆形或三片树叶状。在它诞生之后的一亿年里，三叶虫凭借着绝对的数量优势统治着海洋。

zhēng zhōng xíng chéng míng wéi
争”中形成名为
fàn dà lù de páng dà lù dì
“泛大陆”的庞大陆地。
yí gè guǎng mào de shì jiè xìng dà yáng
一个广袤的世界性大洋
wéi rào zhe fàn dà lù yě xiāng yìng shēng chéng
围绕着泛大陆也相应生成，
bèi chēng wéi fàn dà yáng fàn dà lù dōng
被称为“泛大洋”。泛大陆东
xī hǎi àn de shuǐ wēn chā yì hěn dà hǎi píng
西海岸的水温差异很大。海平
miàn xiāng duì jiào dī dà lù biān yuán de qiǎn shuǐ qū yù biàn shǎo le
面相对较低，大陆边缘的浅水区域变少了。

cóng wàn nián qián dào jīn tiān de zhè yí
从6500万年前到今天的这一
duàn shí qī bèi chēng wéi xīn shēng dài
段时期被称为新生代，
tā yǒu gèng wéi xiǎn zhù de tè diǎn hǎi
它有更为显著的特点：海

▲从中生代时期开始，地球逐渐成为一个遍布海洋的“蓝色星球”。

新生代

新生代时时期，海底和陆地上形成了高耸的山脉，影响了地球的气候。

shuǐ de wēn dù hé huán liú biàn huà yǐng xiǎng zhe dì qiú shang shēng mìng de fēn
水的温度和环流变化影响着地球上生命的分

bù zhè ge shí qī dì qiú shang de tǒng zhì zhě shì bǔ rǔ dòng wù tā men
布。这个时期，地球上的统治者是哺乳动物，它们

zhōng de yì zhī zuì zhōng jìn huà chéng rén lèi de zǔ xiān gǔ yuán
中的一支最终进化成人类的祖先——古猿。

地质年代的划分?

地质年代测定用6种时间单位，分别为永世、代、纪、世、时代、亚时代。永世是10亿年的跨度；代比永世短，分为两个或多个纪；纪是代的再分；世是纪的再分；时代是世的再分。海洋的地质年代便依此划分。

海底地形知多少

ZOUJIN AOMI SHIJIE

hǎi dǐ dì xíng gòu zào fēi
海底地形构造非
cháng fù zá zhǔ yào yóu dà lù jià dà
常复杂，主要由大陆架、大
lù pō hǎi pén hé dà yáng dǐ bù de hǎi gōu hǎi
陆坡、海盆和大洋底部的海沟、海
dǐ píng dǐng shān dà yáng zhōng jǐ jí hǎi dǐ huǒ shān děng zǔ chéng
底平顶山、大洋中脊及海底火山等组成。

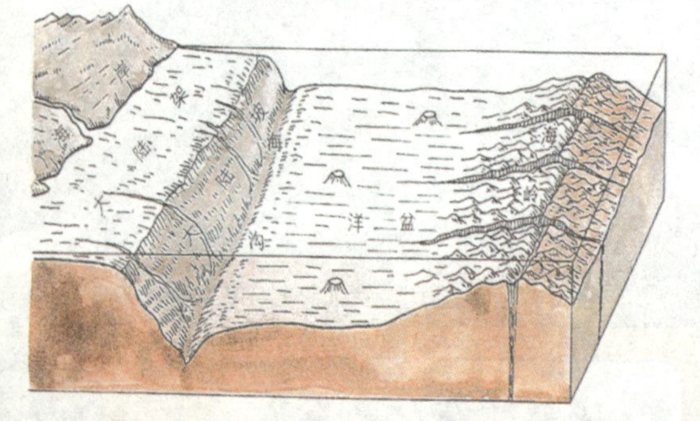

dà lù jià zuì jiē jìn lù dì
大陆架最接近陆地，
shì lù dì xiàng hǎi yáng yán shēn bìng
是陆地向海洋延伸并
bèi hǎi shuǐ yān mò de bù fen dà lù
被海水淹没的部分。大陆

jià de pō dù jí wéi píng huǎn hǎi shuǐ hěn qiǎn

架的坡度极为平缓，海水很浅，

yì bān zhǐ yǒu jǐ bǎi mǐ

一般只有几百米。

dà lù pō shì dà lù jià shang de xié pō

大陆坡是大陆架上的斜坡，

dà lù pō de dì xíng shí fēn xiǎn yào yǒu hěn duō

大陆坡的地形十分险要，有很多

de xiá gǔ dì xíng rú guǒ bǎ hǎi yáng bǐ zuò

的峡谷地形。如果把海洋比作

yí gè dà shuǐ pén dà lù pō jiù shì wéi rào shuǐ

一个大水盆，大陆坡就是围绕水

pén sì zhōu de biānr

盆四周的边儿。

yǔ yì bān de hǎi dǐ xiá gǔ bù tóng yǒu

与一般的海底峡谷不同，有

xiē hǎi dǐ xiá gǔ tóng lù dì shang de hé liú

些海底峡谷同陆地上的河流

海底峡谷

海底峡谷一般是直线型，现在已发现的几百条海底峡谷分布在世界各地的大陆坡上。海底峡谷的规模要比陆地峡谷大得多，像我国的长江三峡、美国科罗拉多大峡谷都是由于地壳抬升而形成的。

地震多发区

我国台湾就是太平洋板块插到亚洲大陆板块下面形成的岛弧，其地区为地震多发区。

深海平原

深海平原一般分布于深海丘陵附近，表面光滑平整，面积较大。

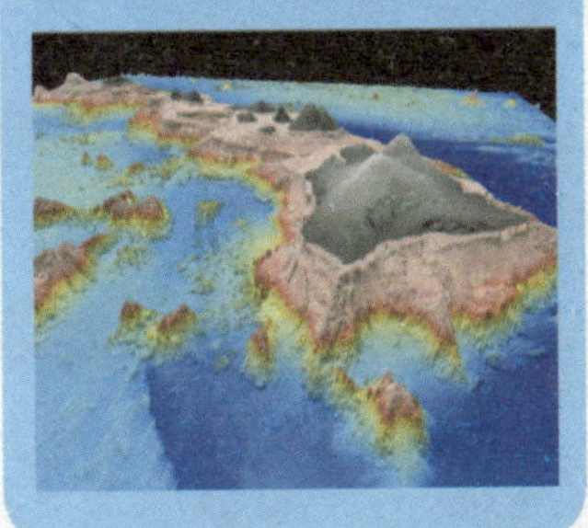

大陆架

大陆坡像一条飘带一样环绕着整个海洋。

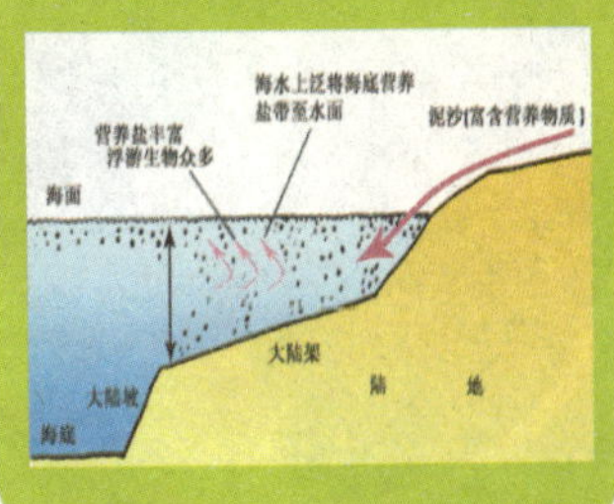

xiāng lián jiē rú běi měi zhōu dōng hǎi àn de hā
相连接，如北美洲东海岸的哈
dé xùn hǎi dǐ xiá gǔ
德逊海底峡谷。

běi hǎi yáng dǐ bù yě yǒu xǔ duō tóng
北海洋底部也有许多同
lù dì shang yí yàng hóng wěi de shān mài
陆地上一样宏伟的山脉。

shì jì chū dé guó hǎi yáng kǎo chá chuán liú
20世纪初，德国海洋考察船“流
xīng hào shǒu xiān fā xiàn dà xī yáng zhōng bù de
星”号首先发现大西洋中部的
jù dà shān xì tā yǔ rén tǐ de jǐ zhuī hěn xiāng sì yóu cǐ dé míng dà
巨大山系，它与人体的脊椎很相似，由此得名“大
xī yáng zhōng jǐ dà xī yáng zhōng jǐ
西洋中脊”。大西洋中脊
xiàng běi yán shēn zhì běi bīng yáng zài běi
向北延伸至北冰洋，在北
bīng yáng zhōng bù xíng chéng le zhōng yāng
冰洋中部形成了中央

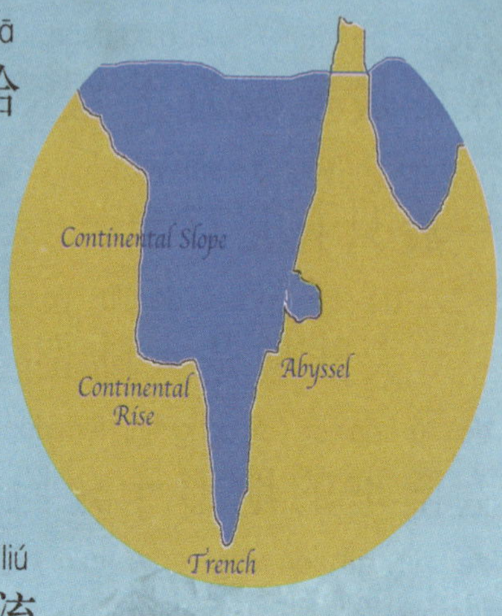

▲著名的马里亚纳海沟。

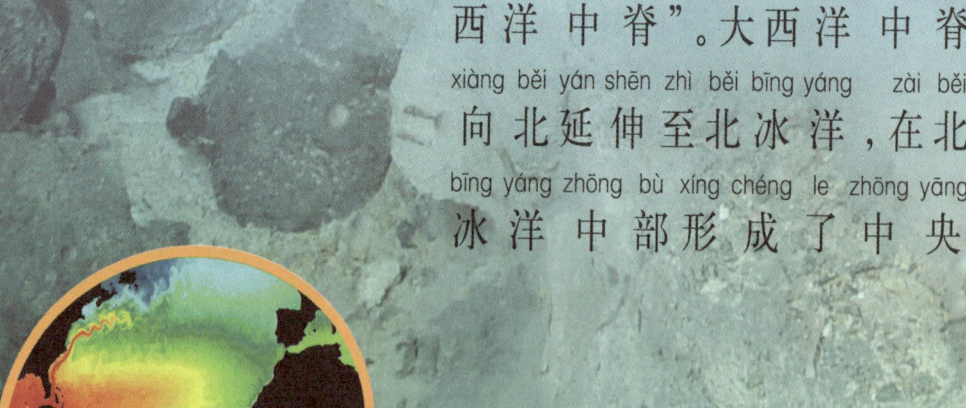

hǎi lǐng hé luó méng luó suǒ fū hǎi lǐng jù dà
海岭和罗蒙罗索夫海岭。巨大
de hǎi lǐng shān xì cóng tài píng yáng běi duān
的海岭山系从太平洋北端
jìn rù tài píng yáng yóu tài píng yáng de dōng
进入太平洋，由太平洋的东
bù jì xù xiàng nán fā zhǎn bìng zài tài píng
部继续向南发展，并在太平
yáng de nán bù zhuǎn xiàng yìn dù yáng
洋的南部转向印度洋。

dà yáng dǐ bù hái yǒu hěn shēn de hǎi gōu
大洋底部还有很深的海沟，
qí zhōng zuì zhù míng de shì mǎ lǐ yà nà hǎi
其中最著名的是马里亚纳海
gōu hǎi gōu de zuì dà shēn dù wéi
沟。海沟的最大深度为11 034
mǐ zhè shì yǐ zhī shì jiè zuì shēn de dì fang
米，这是已知世界最深的地方。

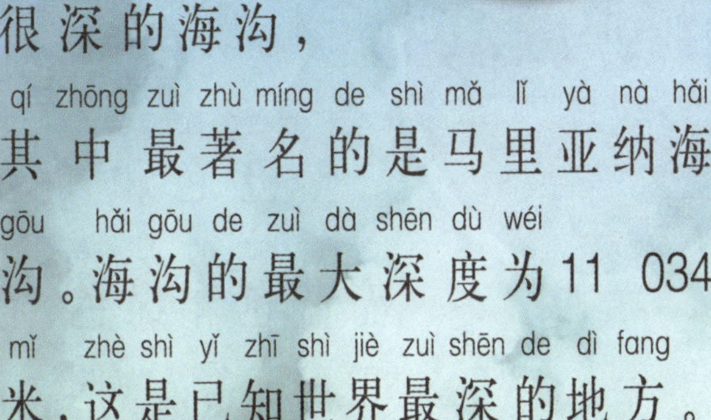

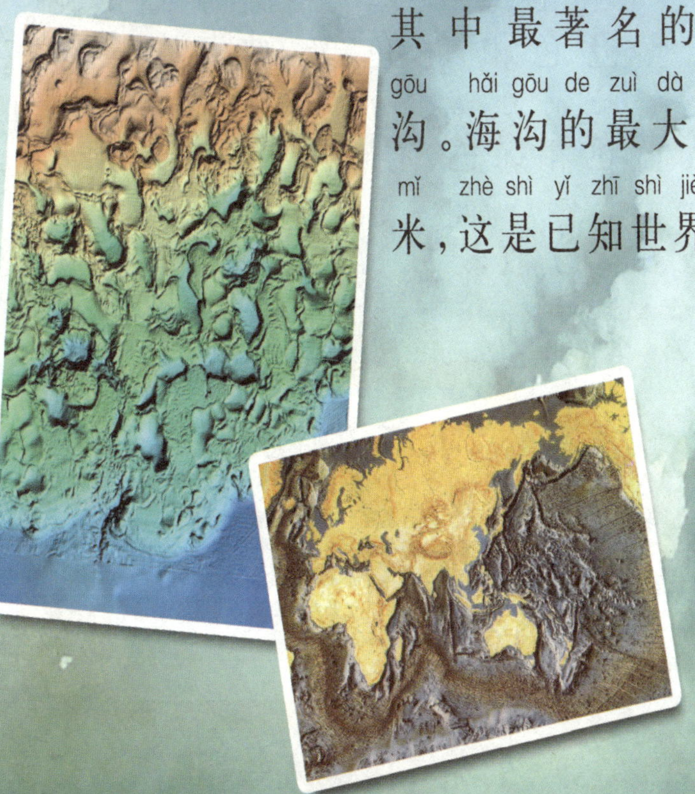

海水的秘密

dāng tài yáng guāng zhào dào hǎi miàn
当太阳光照到海面
shang shí yáng guāng zhōng de hóng sè
上时，阳光中的红色、
chéng sè hé huáng sè guāng bèi hǎi shuǐ xī shōu
橙色和黄色光被海水吸收，
ér lán sè hé lǜ sè guāng yóu yú néng jìn rù shuǐ zhōng
而蓝色和绿色光由于能进入水中
jiào shēn fēn sàn jiào
较深，分散较
guǎng suǒ yǐ hǎi shuǐ kàn shang qu
广，所以海水看上去
duō chéng lán sè huò lǜ sè
多呈蓝色或绿色。

hǎi shuǐ de wèi dào bǐ jiào tè
海水的味道比较特
bié zì rán jiè wù zhì zhōng de yán
别。自然界物质中的盐

苦涩的海水

海水不同于人们平常饮用的水，它又苦又咸。因为海水中含有许多矿物质，这些物质中含有与食盐相同的成分，所以海水就有了咸味。世界上盐度最低的海是波罗的海，其盐度只有7‰~8‰。

海盐

海盐不是人们日常生活吃的食盐，而是化学概念上的盐，它包括食盐的成分氯化钠，也包含硫酸钙、氯化钾、硫酸镁、氯化镁等物质。海水的含盐量大约为五亿亿吨，其中氯化钠约占80%。

水循环

水从海洋中蒸发成为气体，以气团形式被带到高空。条件成熟时，大气中的水汽又形成雨、雪（冰雹）等降落下来，然后又以河流、湖泊等地表水或地下水的方式，返回到海洋之中。

fèn bèi yǔ shuǐ chōng shuā jù jí zhī hòu liú rù hǎi yáng jiā shàng hǎi dǐ huǒ
分被雨水冲刷，聚集之后流入海洋，加上海底火
shān de pēn fā xíng chéng de yì xiē xīn de wù zhì hǎi shuǐ zài liú dòng zhōng
山的喷发形成的一些新的物质，海水在流动中，
jiù yóu dàn ér wú wèi zhú jiàn biàn wéi xián sè wèi kǔ le lìng wài dāng hǎi shuǐ
就由淡而无味逐渐变为咸涩味苦了。另外，当海水
de yā lì yǔ wù tǐ zì shēn suǒ chéng shòu de yā lì bù yí zhì shí jiù huì
的压力与物体自身所承受的压力不一致时，就会
chǎn shēng hěn dà de bù píng héng de lì liàng zhè zhǒng lì
产生很大的不平衡的力量，这种力
liàng shì hěn wēi xiǎn de suǒ
量是很危险的，所
yǐ rén men qián shuǐ
以人们潜水
shí yào jiā shàng fáng
时要加上防
hù cuò shī
护措施。

海浪与潮汐的奥秘

ZOUJIN AOMI SHIJIE

dāng fēng chuī guò hǎi miàn shí
当风吹过海面时，
duì hǎi shang jú bù dì qū chǎn shēng
对海上局部地区产生
yì zhǒng lì liàng zhè zhǒng lì liàng shǐ
一种力量，这种力量使
hǎi miàn biàn xíng zuì zhōng xíng chéng le
海面变形，最终形成了
hǎi làng hǎi fēng chí xù bú duàn hǎi miàn
海浪。海风持续不断，海面
shang jiù huì yǒu hěn duō bù guī zé de bō
上就会有很多不规则的波
wén zuì hòu jiù xíng chéng le bō làng
纹，最后就形成了波浪。

hǎi làng shì zài fēng de chuī
海浪是在风的吹
dòng xià chǎn shēng de hǎi
动下产生的，海
miàn yǔ fēng de mó cā bǎ lì
面与风的摩擦把力
liàng chuán dì gěi le hǎi shuǐ
量传递给了海水，

hǎi shuǐ kāi shǐ yùn dòng xíng chéng le wēi bō
海水开始运动形成了微波。
suí zhe fēng de lì liàng de zēng qiáng bō làng
随着风的力量的增强，波浪
zhú jiàn zēng dà hǎi làng de dà xiǎo hái yǔ
逐渐增大。海浪的大小还与
fēng de sù dù yǐ jí hǎi miàn de dà xiǎo yǒu
风的速度以及海面的大小有
mì qiè guān xì
密切关系。

rén men tōng guò guān chá fā xiàn hǎi shuǐ zhǎng luò hěn yǒu guī lǜ yì bān
人们通过观察发现：海水涨落很有规律，一般
wéi měi tiān liǎng cì jí bái tiān yí cì wǎn shang yí cì wèi le biàn yú qū
为每天两次，即白天一次，晚上一次。为了便于区
fēn tā men rén men
分它们，人们
bǎ bái tiān hǎi shuǐ de
把白天海水的
zhǎng luò jiào zuò
涨落叫做
cháo wǎn shang hǎi
潮，晚上海
shuǐ de zhǎng luò jiào
水的涨落叫
zuò xī měi tiān cháo
做汐。每天潮

演示

用太阳、地球和月球模型来演示太阳和月球对地球表面海水的吸引力，即引潮力。

yǔ xī suǒ jiàn gé de shí jiān zǒng shì bú biàn de měi rì liǎng cì zhǎng luò qī
与汐所间隔的时间总是不变的，每日两次涨落期，
xū yào xiǎo shí fēn zhōng yóu yú yì tiān shì xiǎo shí suǒ yǐ cháo xī
需要24小时50分钟。由于一天是24小时，所以潮汐
de zuò xī shí jiān měi tiān yào tuī chí fēn zhōng
的作息时间每天要推迟50分钟。

cháo xī zài hǎi shuǐ yùn dòng biàn huà zhōng zuì wéi cháng jiàn yě zuì wéi zhòng
潮汐在海水运动变化中最为常见也最为重
yào rén lèi hěn zǎo jiù jiāng zhè zhǒng néng liàng kāi fā lì yòng rén men céng jīng
要，人类很早就将这种能量开发利用。人们曾经
lì yòng hǎi shuǐ shàng zhǎng xià luò de néng liàng lái fā diàn shì jiè shang dì yī
利用海水上涨下落的能量来发电。世界上第一

gè cháo xī fā diàn chǎng wèi yú fǎ guó yīng jí lì
个潮汐发电厂位于法国英吉利
hǎi xiá de lǎng sī hé hé kǒu céng yǒu zhuān jiā
海峡的朗斯河河口。曾有专家
duàn yán cháo xī jiāng chéng wéi rén lèi wèi lái qīng
断言，潮汐将成为人类未来清
jié de zhǔ yào néng yuán
洁的主要能源。

海水运动

海水的主要运动方式分为周期性的振动和非周期性的移动两种。周期性振动形成了海水的波动，即海浪和潮汐。

潮汐的利用

在唐朝时，中国的沿海地区就出现了利用潮汐来推磨的小作坊。20世纪，人们开始懂得利用海水的潮差来发电。

▲由于太阳离地球太远，所以潮汐的引潮力主要来自于月球。

神奇的海流

ZOUJIN AOMI SHIJIE

hǎi liú yóu rú rén shēn tǐ li de xuè
海流犹如人身体里的“血
yè dà yáng huán liú jiù xiàng rén tǐ nèi de
液”，大洋环流就像人体内的
dà dòng mài ér qiǎn hǎi shuǐ yù li de hǎi
“大动脉”，而浅海水域里的海
liú zé xiàng rén tǐ li de máo xì xuè
流，则像人体里的“毛细血
guǎn hǎi liú jiù shì zhǐ hǎi shuǐ de liú dòng fēng
管”。海流就是指海水的流动，风
chuī zhe de hǎi shuǐ bù tíng de dòng yí chù de hǎi
吹着的海水不停地动，一处的海
shuǐ bèi fēng chuī zǒu le lín jìn de
水被风吹走了，邻近的
hǎi shuǐ lián xù bú duàn
海水连续不断
de bǔ chōng guo lai
地补充过来。
fēng de bú
风的不
duàn yùn dòng shǐ hǎi
断运动使海

海流

当大洋中的海水有规则地运动时，就形成了海流。

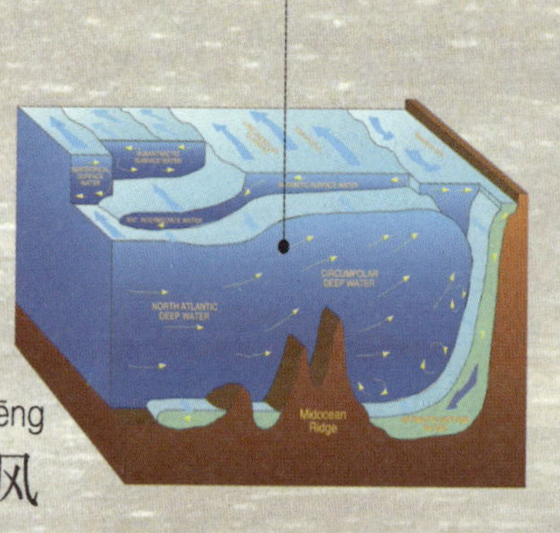

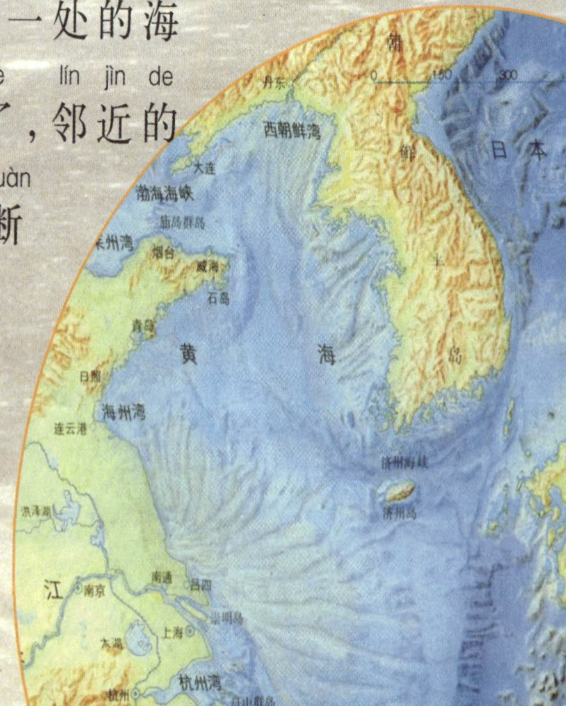

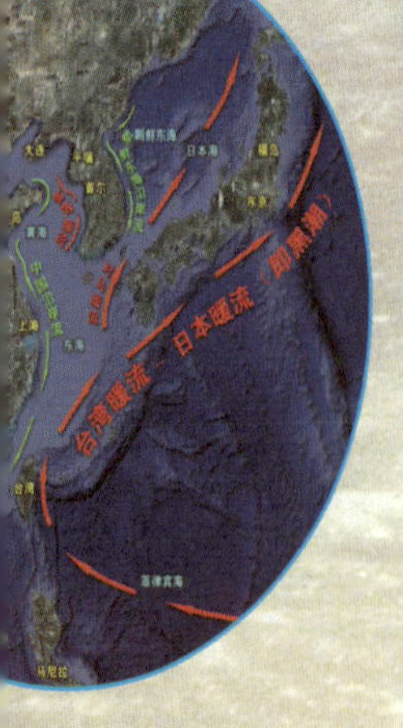

shuǐ jìn xíng le liú dòng yǐn qǐ hǎi shuǐ shàng
水进行了流动，引起海水上
shēng huò xià jiàng xíng chéng le shàng shēng liú
升或下降，形成了上升流
huò xià jiàng liú zhè liǎng zhǒng shuǐ liú hé zài yì
或下降流，这两种水流合在一
qǐ bèi chēng wéi shēng jiàng liú
起被称为升降流。

hǎi shuǐ de liú dòng shì yǒu wēn dù de
海水的流动是有温度的，
wēn dù jiào dī de jiào zuò hán liú wēn dù jiào
温度较低的叫做“寒流”，温度较
gāo de chēng wéi nuǎn liú hǎi shuǐ de měi yí
高的称为“暖流”。海水的每一
gè qū yù de wēn dù bìng bú shì gù dìng de zhè
个区域的温度并不是固定的，这
yǔ zhōu wéi de huán jìng yǒu hěn
与周围的环境有很
dà de guān xì
大的关系。

不同形式的海水流动维持着海洋的能量与生态平衡，而大气、海洋间的能量交换，则调节着全球的气候变化。

海流的作用

海流能够调节海岸地区的气候，寒暖海流交汇的海域往往利于鱼类大量繁殖，还可把污染物带到其他海域。

黑潮暖流

黑潮暖流位于北太平洋西部，是由北赤道流转化而成，所以具有较高的水温和盐度，即使是在冬季，它的表层水温也不低于 20℃，所以被称为黑潮暖流。

美丽的海岸

海岸是把陆地与海洋分开，同时又把陆地与海洋连接起来的海陆之间最亮丽的风景线。

海岸的分类

ZOUJIN AOMI SHIJIE

hǎi yáng yǔ lù dì xiāng jiāo de dì fang chēng wéi hǎi àn hǎi àn de
海洋与陆地相交的地方，称为海岸。海岸的
fēn lèi zhǔ yào yǒu yǐ xià jǐ zhǒng yóu jiān yìng yán shí zǔ chéng de hǎi àn shì
分类主要有以下几种：由坚硬岩石组成的海岸是
jī yán hǎi àn zài wǒ guó jī yán hǎi àn dà duō yóu huā gǎng yán xuán wǔ
基岩海岸。在我国，基岩海岸大多由花岗岩、玄武
yán shí yīng yán shí huī yán děng gè zhǒng bù tóng de shān yán zǔ chéng
岩、石英岩、石灰岩等各种不同的山岩组成。

yóu luǎn shí duī jī ér chéng de hǎi àn
由卵石堆积而成的海岸
shì luǎn shí hǎi àn tā shì yí dào liàng lì de
是卵石海岸，它是一道亮丽的
fēng jǐng xiàn
风景线。

shā zhì hǎi àn shì yóu jīn sè hé yín sè
沙质海岸是由金色和银色
de shā lì duī jī ér chéng de sōng ruǎn de
的沙粒堆积而成的，松软的
shā tān shì rén men xiāo shǔ xiū xián de zuì hǎo xuǎn zé
沙滩是人们消暑、休闲的最好选择。

hóng shù lín hǎi àn shì shēng wù hǎi àn
红树林海岸是生物海岸
de yì zhǒng shēng zhǎng zhe zhǒng lèi fán duō
的一种，生长着种类繁多
de hóng shù zhí wù cóng nán dào běi zhú jiàn
的红树植物，从南到北逐渐
jiàng dī
降低。

海洋气候引起的天气变化

ZOUJIN AOMI SHIJIE

不同的命名

一般习惯上把发生在西北太平洋地区的强烈热带气旋叫台风，把发生在大西洋、东太平洋和加勒比海地区的强烈热带气旋叫飓风。

台风的影响

全世界每年约生成 80 个台风，其中 35%发生在西北太平洋，其沿岸的中国、日本和菲律宾是受台风影响最大的国家。

hǎi yáng qì hòu róng yì yǐn qǐ duō zhǒng
海洋气候 容易引起多种
tiān qì biàn huà zuì wéi míng xiǎn de jiù shì tái
天气变化，最为明显的就是台
fēng jù fēng yǐ jí quán qiú biàn nuǎn
风、飓风以及全球变暖。

强大的破坏力

有人估算过，一场台风的平均能量差不多相当于上万颗原子弹爆炸时所释放的能量的总和。

tái fēng duō fā shēng zài měi nián de xià qiū
台风多发生在每年的夏秋
jì jié qí pò huài lì hěn dà tái fēng dēng
季节，其破坏力很大。台风登
lù shí fēng kuáng yǔ zhòu diàn shǎn léi míng
陆时风狂雨骤，电闪雷鸣，
gěi rén men de shēng chǎn hé shēng huó dài lái
给人们的生产和生活带来
jí dà de bú biàn
极大的不便。

jù fēng yě shì shòu hǎi yáng qì hòu yǐng
飓风也是受海洋气候影
xiǎng ér yǐn qǐ de zì rán xiàn xiàng jù
响而引起的自然现象。“飓
fēng de hán yì wéi fēng bào zhī shén
风”的含义为“风暴之神”。
nián duì hóng dū lā sī hé ní jiā lā
1998年，对洪都拉斯和尼加拉

危害

20世纪，全球气候变暖产生的巨大热量，致使海平面上升。

guā zào chéng jù dà sǔn shī de mǐ qí
瓜造成巨大损失的米奇
jù fēng dǎo zhì yí wàn duō rén sàng
飓风，导致一万多人丧
shēng wù zhì cái chǎn sǔn shī yuē shù
生，物质财产损失约数
shí yì měi yuán
十亿美元。

jìn xiē nián dì qiú wēn dù yuè lái yuè gāo
近些年，地球温度越来越高，
qì hòu zhú nián biàn nuǎn quán qiú biàn nuǎn yǐ chéng
气候逐年变暖，全球变暖已成
wéi quán shì jiè rén men zuì guān zhù de wèn tí yóu hǎi yáng qì hòu ér yǐn qǐ
为全世界人们最关注的问题。由海洋气候而引起
de quán qiú biàn nuǎn xiàn xiàng de hòu guǒ shí fēn yán zhòng dì qiú shang xǔ duō
的全球变暖现象的后果十分严重，地球上许多
shēng wù jiāng zǒu xiàng huǐ miè hóng shuǐ jí bìng gān hàn yǐ jí pín fán de
生物将走向毁灭，洪水、疾病、干旱以及频繁的
fēng bào huó dòng děng zì rán zāi hài sì nüè hèng xíng
风暴活动等自然灾害肆虐横行。

CHAPTER 2 第二章

海洋生态与资源

占地球面积七成以上的海洋是一个巨大的、未完全开发的宝库。从海岸到大洋深处,遍布着人类所需的各种资源。

海洋生态环境的秘密

hǎi yáng zhōng yǒu hěn duō shēng wù zhè xiē
海洋中有很多生物，这些
shēng wù de shēng cún huán jìng jiù shì shēng tài
生物的生存环境就是生态
huán jìng zài hǎi yáng li shēng tài huán jìng yǐng
环境。在海洋里，生态环境影

海洋食物链

海洋中的食物链呈现金字塔形状，处于金字塔顶端的动物数量最少。须鲸是地球上最大的动物，它以磷虾为食。

海洋生态系统

海洋生态系统中的各因素在进化过程中，建立了一种相互协调、相互制约的关系，使其保持一定的稳定状态。

xiǎng zhe shēng wù de shēng
响着生物的生
cún hé fán yǎn qíng kuàng
存和繁衍情况，
hǎi yáng huán jìng róng yì bèi
海洋环境容易被
gǎi biàn zì rán jiè de yì
改变，自然界的一
xiē zāi hài hé rén lèi bù
些灾害和人类不
hé lǐ kāi fā hǎi yáng zī yuán dōu shì dǎo zhì hǎi
合理开发海洋资源都是导致海
yáng huán jìng è huà de zhòng yào yuán yīn
洋环境恶化的重要原因。

hǎi yáng zhōng de shí wù liàn shí fēn fēng
海洋中的食物链十分丰
fù zhǔ yào fēn wéi sì gè děng jí dì yī jí shì
富，主要分为四个等级：第一级是
shù liàng jīng rén de fú yóu zhí wù dì èr jí shì
数量惊人的浮游植物；第二级是
hǎi yáng fú yóu dòng wù dì sān jí shì shí yòng fú
海洋浮游动物；第三级是食用浮
yóu dòng wù de hǎi yáng dòng wù dì sì jí zé
游动物的海洋动物；第四级则
shì hǎi yáng zhōng de dà xíng ròu shí dòng wù
是海洋中的大型肉食动物。

海豹

海豹在海里动作敏捷，主要以鱼为食。

食物链原理

简单来讲，海洋食物链就是大鱼吃小鱼。

关系

简单来说，海洋动物之间就是吃与被吃的关系。

趣味海洋植物

hǎi yáng zhí wù shì zhǐ shēng huó zài hǎi yáng zhōng de zhí wù tā men
海洋植物是指生活在海洋中的植物，它们
néng gòu xiàng lù dì shang de lǜ sè zhí wù yí yàng shēng chǎn yǒu jī wù hǎi
能够像陆地上的绿色植物一样，生产有机物。海
yáng zhí wù kě yǐ jiǎn dān de fēn wéi liǎng dà lèi dī děng de zǎo lèi zhí wù hé
洋植物可以简单地分为两大类：低等的藻类植物和
gāo děng de zhǒng zi zhí wù
高等的种子植物。

hǎi yáng zhí wù yǐ zǎo lèi wéi
海洋植物以藻类为

特殊性

海洋植物大部分都没有根、茎、叶。

海草

海草是海洋中的生产者。

红树

红树是一种生长在热带、亚热带海岸滩涂的树种。

zhǔ wǒ men jīng cháng chī de hǎi dài jiù shì yì zhǒng zǎo lèi zhí wù
主，我们经常吃的海带就是一种藻类植物。

zhǒng zi zhí wù de zhǒng lèi bù duō kě fēn wéi hóng shù zhí wù hé hǎi
种子植物的种类不多，可分为红树植物和海

cǎo liǎng dà lèi hǎi cǎo kě yǐ dǐ yù fēng làng duì hǎi àn de qīn shí néng gǎi
草两大类。海草可以抵御风浪对海岸的侵蚀；能改

shàn hǎi shuǐ huán jìng wèi yú xiā xiè děng hǎi yáng shēng wù tí gōng liáng hǎo
善海水环境；为鱼、虾、蟹等海洋生物提供良好

de qī xī dì
的栖息地。

海藻

海藻是海洋植物中的大家族，共有八千多种。海藻的种类繁多：小的用显微镜才能看得见，大的则长到几百米，重几百千克。人们根据海藻所含的不同色素，把它们分为褐藻、红藻、绿藻等。

特异海洋动物

ZOUJIN AOMI SHIJIE

hǎi yáng zhōng de dòng wù dōu fēi cháng dú
海 洋 中 的 动 物 都 非 常 独
tè yǒu xiē dòng wù méi yǒu tuǐ yǎn jing huò ěr
特。有 些 动 物 没 有 腿、眼 睛 或 耳
duo yǒu xiē dòng wù kàn qi lai xiàng zhí wù dàn
朵；有 些 动 物 看 起 来 像 植 物。但
shì tā men dōu yǒu gòng tóng de tè
是 它 们 都 有 共 同 的 特
diǎn jí wú fǎ zì jǐ shēng chǎn shí
点，即 无 法 自 己 生 产 食
wù zhǐ néng cóng zhōu wéi huán jìng
物，只 能 从 周 围 环 境
zhōng huò qǔ shí wù hǎi yáng dòng
中 获 取 食 物。海 洋 动
wù lìng yí gè xiǎn zhù de tè diǎn jiù
物 另 一 个 显 著 的 特 点 就

海洋动物？

在上百万年的海洋生活中，海洋动物为适应环境，形成了一些特点，从而能够生存下来。例如，为适应水中生活，海洋动物有能推动前进的尾巴和鳍；缓慢的新陈代谢，减少耗氧量；抵御低温的脂肪等。

shì shēn tǐ jié gòu jiǎn dān jìn huà sù dù huǎn
是身体结构简单，进化速度缓
màn zài zhè zhǒng huán jìng zhōng dòng wù de shēn
慢。在这种环境中，动物的身
tǐ dà duō bǎo chí le jiào gǔ lǎo de tè zhēng
体大多保持了较古老的特征。

hǎi yáng zhōng zuì wéi gǔ lǎo de dòng wù shì jù yǒu
海洋中最为古老的动物是具有
huó huà shí zhī chēng de shé xíng bèi hěn duō gǔ lǎo lèi xíng de wù zhǒng duō
“活化石”之称的舌形贝；很多古老类型的物种多
wéi ruǎn tǐ dòng wù rú yīng wǔ luó gǔ lǎo de jǐ zhuī dòng wù zhōng zuì yǒu
为软体动物，如鹦鹉螺；古老的脊椎动物中最有
míng de dà gài suàn de shàng shì máo wěi yú le hǎi yáng zhōng de yì xiē pá
名的大概算得上是矛尾鱼了；海洋中的一些爬
xíng dòng wù yě shì jiào gǔ lǎo de lèi xíng rú hǎi guī hé hǎi shé děng
行动物也是较古老的类型，如海龟和海蛇等。

海蛇

生活在海中的海蛇和眼镜蛇一样含有剧毒，它们能四处潜游，捕捉鱼虾。海蛇分布广泛，西起波斯湾东至日本，南达澳大利亚的暖水海洋，但大西洋中没有它们的足迹。

鹦鹉螺

鹦鹉螺已经在地球上经历了数亿年的演变，但外形、习性等变化却很小，所以被称为海洋中的“活化石”。

神秘的海洋 分解者

hǎi yáng wēi shēng wù shì zhǐ yǐ hǎi yáng wéi jū zhù huán jìng de yí qiè wēi shēng wù zhǔ yào bāo kuò xì jūn zhēn jūn jí shì jūn tǐ tā men dōu shì hǎi yáng de fēn jiě zhě hǎi yáng wēi shēng wù de shēng zhǎng xū yào xī shōu hǎi shuǐ zhōng de kuàng wù zhì tā men cháng qī zài hǎi yáng huán jìng zhōng shēng cún

海洋微生物是指以海洋为居住环境的一切微生物，主要包括细菌、真菌及噬菌体，它们都是海洋的分解者。海洋微生物的生长需要吸收海水中的矿物质，它们长期在海洋环境中生存，

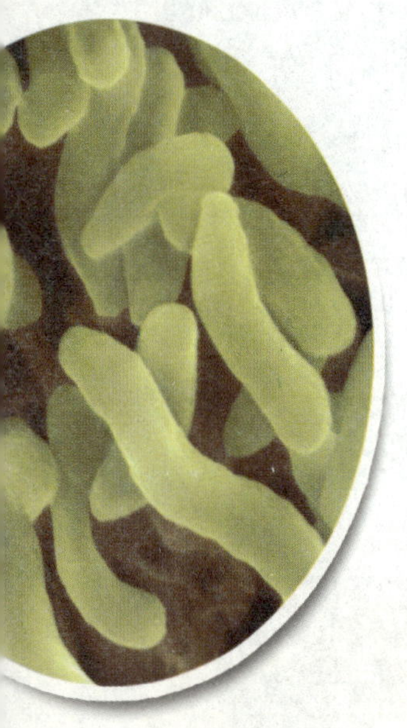

海洋分解者

海洋分解者形态各异、种类繁多。

微生物是地球上最早的“居民”，到处都有它们的踪迹。

yīn ér yǒu qí dú tè de xìng zhì
因而有其独特的性质。

hǎi yáng wēi shēng wù duì hǎi shuǐ de jìng huà hé bǎo chí hǎi yáng shēng tài huán jìng de wěn dìng yǒu zhe zhòng yào zuò yòng zì rén lèi kāi fā hǎi yáng yǐ lái guò dù bǔ lāo gōng yè wū rǎn yǐ jí hǎi yáng yǎng zhí chǎng de wú xiàn dù kuò dà yán zhòng pò huài le hǎi yáng shēng tài xì tǒng de
海洋微生物对海水的净化和保持海洋生态环境的稳定有着重要作用。自人类开发海洋以来，过度捕捞、工业污染以及海洋养殖场的无限度扩大，严重破坏了海洋生态系统的

重要作用

作为分解者的海洋细菌促进了物质循环，在海底沉积成岩及形成石油和天然气的过程中起到了重要作用。

嗜盐性

海洋微生物长期在海洋环境中生存，因而有其独特的嗜盐性。而海水中富含的各种无机盐类和微量元素是其生长的必需品。

píng héng hǎi yáng wēi shēng wù yǐ qí wán qiáng de shì yìng néng lì hé qiáng dà
平衡。海洋微生物以其顽强的适应能力和强大
de fán zhí néng lì jī jí de cān yù dào duì huán jìng de huī fù huó dòng zhōng
的繁殖能力，积极地参与到对环境的恢复活动中。

jué dà duō shù hǎi yáng wēi shēng wù de shēng zhǎng dōu yāo qiú jiào dī de
绝大多数海洋微生物的生长都要求较低的
wēn dù yì bān wēn dù chāo guò shí jiù tíng zhǐ shēng zhǎng huò sǐ wáng
温度，一般温度超过37℃时就停止生长或死亡。
nà xiē néng zài shēng zhǎng huò qí zuì shì shēng zhǎng wēn dù dī yú
那些能在0℃生长或其最适生长温度低于20℃

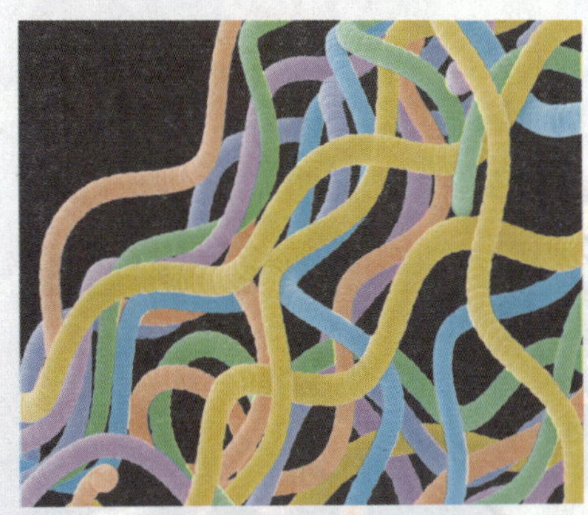

海洋中的微生物

海洋中的微生物大多数是分解者，也有部分生产者。海洋微生物参与了海洋物质的所有分解和转化过程，它们能够降解各种海洋污染物和有毒物质，使海水得到净化，保持海洋生态系统的平衡。

趋化性

某些海洋细菌具有沿着某种化合物浓度梯度移动的能力。

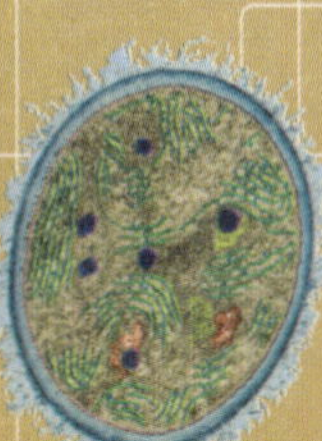

1

附着性

海洋微生物附着在海洋中生物和非生物固体的表面。

2

de wēi shēng wù bèi chēng wéi shì lěng
的微生物被称为嗜冷

wēi shēng wù
微生物。

hǎi yáng wēi shēng wù zhǐ yǒu
海洋微生物只有

shǎo shù jǐ zhǒng néng gòu fā guāng
少数几种能够发光，

zhè xiē fā guāng de xì jūn tōng cháng
这些发光的细菌通常

kě yǐ zài hǎi shuǐ zhōng huò yú chǎn
可以在海水中或鱼产

pǐn shang bèi fā xiàn
品上被发现。

③ 嗜压性

嗜压性是深海微生物独有的特性。

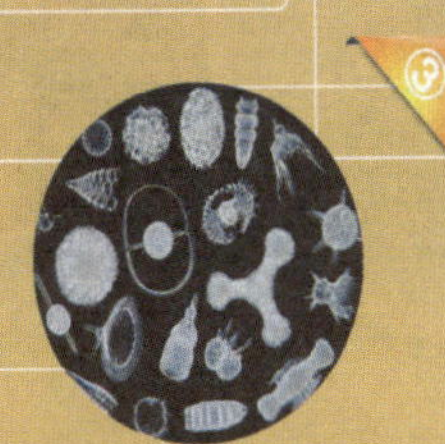

④ 低营养性

海洋中的部分海洋细菌要求在营养贫乏的培养基上生长。

丰富的海洋资源

ZOUJIN AOMI SHIJIE

hǎi yáng shì yí gè jù dà de wèi wán
海洋是一个巨大的、未完
quán kāi fā de bǎo kù cóng hǎi àn dào dà yáng
全开发的宝库。从海岸到大洋
shēn chù biàn bù zhe rén lèi suǒ xū de gè zhǒng
深处，遍布着人类所需的各种
zī yuán fēng fù de kuàng chǎn yú lèi shuǐ
资源。丰富的矿产、鱼类、水
zī yuán děng dōu
资源等都
wèi rén men de shēng chǎn shēng huó tí gōng
为人们的生产、生活提供
le mò dà de fāng biàn
了莫大的方便。

hǎi shuǐ zhōng hán
海水中含
yǒu dà liàng de yán lèi
有大量的盐类
wù zhì hǎi yán duì yú
物质，海盐对于

展望

随着科技的发展与社会的进步，人类对海洋的开发和利用必定取得新的进展。

rén lèi gōng yè hé shēng huó zhì guān zhòng
人类工业和生活至关重
yào wǒ guó de chǎn yán liàng jū shì jiè shǒu
要。我国的产盐量居世界首
wèi yán hǎi gè shěng shì zì zhì qū
位，沿海12个省、市、自治区
dōu yǒu hǎi yán shēng chǎn bó hǎi wān nèi de
都有海盐生产。渤海湾内的
cháng lú yán chǎng shì wǒ guó zuì dà de yán
长芦盐场是我国最大的盐
chǎng
场。

hǎi yáng hái yǒu fēng fù de shí yóu zī
海洋还有丰富的石油资
yuán nián měi guó rén zài mò xī gē
源。1946年，美国人在墨西哥
wān jiàn lì qǐ dì yī zuò hǎi shang
湾建立起第一座海上

分类情况

按照成因和储存情况，海洋矿产资源可分为三种：砂矿，如金刚石；海底自生矿产，如锰结核；海底固结岩中的矿产。

众多的油田

世界上主要的油田有600余口。在石油储量上，中东的波斯湾最多，其次是委内瑞拉的马拉开波湖，第三是欧洲的北海。

铜币

广阔的海洋盛产矿产资源，其中铜储量巨大，图为用铜铸成的硬币。

zuàn jǐng píng tái dǎ chū le shì jiè shang
钻井平台，打出了世界上
dì yī kǒu zhēn zhèng yì yì shang de hǎi
第一口真正意义上的海
dǐ yóu jǐng rú jīn shì jiè shang yǐ yǒu
底油井。如今，世界上已有
shàng bǎi gè guó jiā zài hǎi shang jiàn lì
上百个国家在海上建立
le shí yóu chéng
了“石油城”。

háo wú yí wèn hǎi yáng shì yí gè jù dà de
毫无疑问，海洋是一个巨大的
kuàng chǎn zī yuán bǎo kù cóng hǎi àn dào dà yáng
矿产资源宝库。从海岸到大洋

锰结核

据统计，世界大洋海底锰结核的总储量达30 000亿吨。

shēn chù biàn bù zhe fēng fù de
深处，遍布着丰富的
kuàng chǎn zī yuán hǎi yáng shēn
矿产资源，海洋深
chù yùn cáng zhe jīn yín tóng
处蕴藏着金、银、铜、
tiě xī děng zhòng yào kuàng
铁、锡等重要矿
cáng zài hǎi yáng shēn chù cún
藏。在海洋深处，存
zài zhe dà liàng de zhòng jīn shǔ
在着大量的重金属
ruǎn ní hán yǒu fēng fù de jīn
软泥，含有丰富的金、
yín tóng xī tiě qiān xīn
银、铜、锡、铁、铅、锌
děng yuán sù
等元素。

海洋空间的庞大资源

ZOUJIN AOMI SHIJIE

kāi fā hé lì yòng hǎi yáng kōng jiān de páng dà zī yuán yǐ chéng wéi gè hǎi yáng guó jiā suǒ zhòng shì de yí gè xiàng mù tǎng ruò rén men néng gòu duì hǎi yáng jiā yǐ chōng fèn lì yòng rén lèi de jū zhù miàn jī jiāng dà dà zēng jiā

开发和利用海洋空间的庞大资源，已成为各海洋国家所重视的一个项目。倘若人们能够对海洋加以充分利用，人类的居住面积将大大增加。

海运

海运在各种交通中的优势十分明显：航船载货量大、运费低[illegible]、交通便利。

shì jì rén men kāi shǐ xiàng hǎi dǐ fā zhǎn zài dà hǎi shēn chù jiàn zào chéng shì zài hǎi dǐ jiàn zào chéng shì miàn lín de zuì dà wèn tí shì shuǐ yā hé hǎi shuǐ fǔ shí wèn tí suǒ yǐ rén men yào xiān jiě jué hǎi shuǐ dàn huà fèi shuǐ chǔ lǐ děng nán tí zhè yàng rén lèi cái yǒu jī huì rù zhù hǎi dǐ

21世纪，人们开始向海底发展，在大海深处建造城市。在海底建造城市，面临的最大问题是水压和海水腐蚀问题，所以人们要先解决海水淡化、废水处理等难题，这样人类才有机会入住海底。

rén lèi zài kāi fā hǎi yáng zī yuán de tóng shí yě zài bú duàn tàn suǒ rú hé zài hǎi yáng shang kāi fā shēng cún kōng

人类在开发海洋资源的同时，也在不断探索如何在海洋上开发生存空

jiān rì běn lì yòng yí shān tián hǎi jiàn chéng le
间。日本利用移山填海建成了
cháng qí jī chǎng hǎi shang rén gōng dǎo yě kě yǐ
长崎机场。海上人工岛也可以
jiàn zào dà xíng jū zhù qū jí hǎi shang chéng shì
建造大型居住区，即海上城市。

chú cǐ zhī wài hǎi yáng lǚ yóu yè bèi rén
除此之外，海洋旅游业被人
men chēng wéi wú wū rǎn lǜ sè chǎn yè fā zhǎn hǎi shang lǚ yóu
们称为“无污染绿色产业”，发展海上旅游
yè wèi gǎi shàn rén mín shēng huó shuǐ píng chuàng zào le yǒu lì tiáo jiàn
业为改善人民生活水平创造了有力条件。

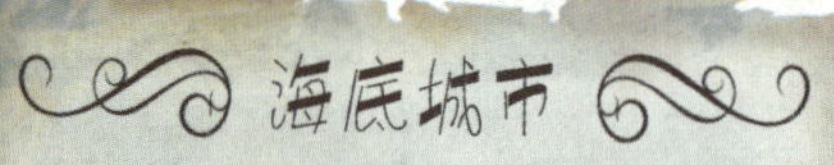

我国古代便有海底龙宫的传说。在西方传说中，有一个被称作“大西洲”的城市，名叫亚特兰蒂斯，这个高度发达的城市沉入海底消失了。如今，在海底建造适合人类居住的城市已经不再是个梦想。

CHAPTER 3 第三章

海洋环境保护

随着社会经济的发展，人类对海洋资源的近乎掠夺式的开发造成了严重的海洋环境危机，我们应该大力实施海洋保护工作。

日益严重的海洋环境危机

海洋是人类的另一片栖息地。但是很多人将其当成了垃圾回收站，海洋环境受到了极为严重的破坏。大量的海洋生物患上了不同程度和不同种类的疾病。

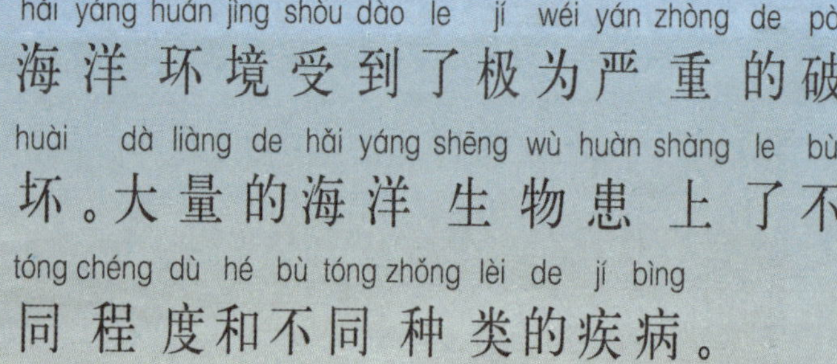

1967年，英联邦油轮“托里·卡尼翁”号发生海难，油轮内数万吨石油流入海水中；1999年，英国又一次油轮溢油事件发生，这次事故引发了空前的生物大灾难，遭遇灭顶之灾的海洋动物不计其数……

被渔网束缚住的南极软毛海豹。

许多海域因污

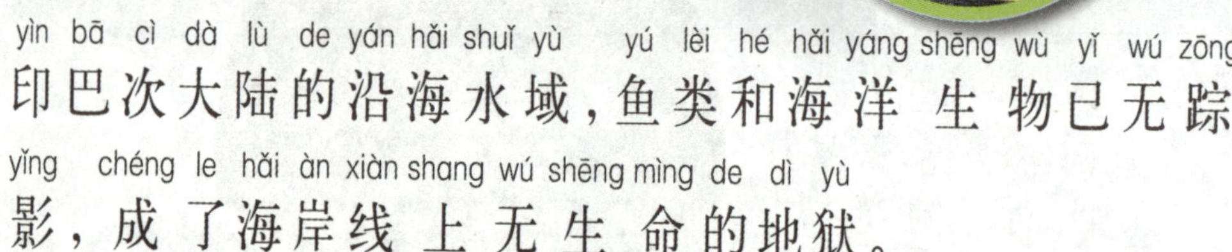

污染后果

倾入海洋中的废水使不计其数的鱼群遭遇了灭顶之灾。

染变成了“海底沙漠”。在印巴次大陆的沿海水域，鱼类和海洋生物已无踪影，成了海岸线上无生命的地狱。

20世纪60年代，大连湾还是个海产资源十分丰富的海湾。现如今，大量废物的排放严重污染了海水，湾内的海洋生物数量锐减、甚至绝迹了。

由于附近工业污水大量排入渤海，使得渤海周

wéi hǎi yáng shēng wù shù liàng měi nián dōu zài jiǎn
围海洋生物数量每年都在减
shǎo zhè lǐ céng duō cì fā shēng wū rǎn shì gù
少。这里曾多次发生污染事故：
rú hàn gū huà gōng chǎng de wū shuǐ zào chéng nán
如汉沽化工厂的污水造成南
běi qiān mǐ fàn wéi nèi dà pī yú xiā sǐ wáng
北20千米范围内大批鱼虾死亡；
běi pái hé liǎng cì jiāng dà liàng yǒu dú wū shuǐ pái
北排河两次将大量有毒污水排
rù hǎi zhōng shǐ bó hǎi qiān mǐ fàn wéi nèi de
入海中，使渤海15千米范围内的
shuǐ miàn biàn chéng hēi sè
水面变成黑色。

生态危机

海洋因原油泄漏及废水污染而造成生态危机。

“卡迪兹号”油轮事件?

1978年3月16日，美国超级油轮“亚莫克·卡迪兹号”满载原油向鹿特丹港行驶途中，触礁沉没。漏出原油22.4万吨，污染了350千米长的海岸线，死掉9 000多吨牡蛎，海鸟死亡2万多吨。

增强海洋保护意识

ZOUJIN AOMI SHIJIE

suī rán hǎi yáng zī yuán páng dà dàn shì suí zhe
虽然海洋资源庞大，但是随着
gōng yè de fā zhǎn huán jìng wū rǎn yǐ jīng bō jí dào
工业的发展，环境污染已经波及到
le wèi lán de hǎi yáng wèi le bǎo hù hǎi yáng
了蔚蓝的海洋。为了保护海洋，
rén men cǎi qǔ le xǔ duō
人们采取了许多
cuò shī qí zhōng yí xiàng
措施，其中一项
shì wèi hǎi yáng shēng wù jiàn
是为海洋生物建

lì ān quán dǎo gēn jù guó
立“安全岛”。根据“国
jì zì rán yǔ zì rán bǎo hù tóng
际自然与自然保护同
méng nián de tǒng jì
盟”1988年的统计，
shì jiè shang yǐ yǒu gè zhǒng lèi
世界上已有各种类

资源数据

我国拥有32 000千米的海岸线,6 500个岛屿,海域面积约300万平方千米。在世界海洋大国中,我国名列第九位。

海洋资源保护区

截止到1996年,我国已批准建设的海洋自然保护区共有60处,其中国家级的有15处,省级的有26处,市县级的有16处。

xíng de hǎi yáng zì rán bǎo hù qū bā bǎi duō gè zhè xiē hǎi yáng zì rán bǎo hù
型的海洋自然保护区八百多个。这些海洋自然保护
qū shǐ hǎi yáng shēng tài huán jìng de qián jǐng chū xiàn le yì xiàn shǔ guāng jìn
区使海洋生态环境的前景出现了一线曙光。近
nián lái shì jiè gè guó dōu jìn xíng le hǎi dǐ shí yóu kāi cǎi ér shí yóu xiè lòu
年来,世界各国都进行了海底石油开采,而石油泄漏
yě wū rǎn le hǎi yáng zhè xiē dà dà pò huài le hǎi yáng shēng tài huán jìng de
也污染了海洋,这些大大破坏了海洋生态环境的
píng héng wǒ guó yě fā shēng le lèi sì de qíng kuàng wèi cǐ wǒ guó zhèng
平衡,我国也发生了类似的情况。为此,我国政
fǔ chéng lì le fù zé hǎi yáng huán bǎo gōng zuò de zhuān mén jī gòu duì yú
府成立了负责海洋环保工作的专门机构,对于
hǎi yáng de wū rǎn zhì lǐ gōng zuò yǐ qǔ dé chū bù chéng jì
海洋的污染治理工作已取得初步成绩。

CHAPTER 4 第四章

大洋世界

数亿年前，是海洋最早孕育了生命。如果没有海洋，地球上将不会有生命存在。古老神秘的大洋到底藏着哪些秘密？

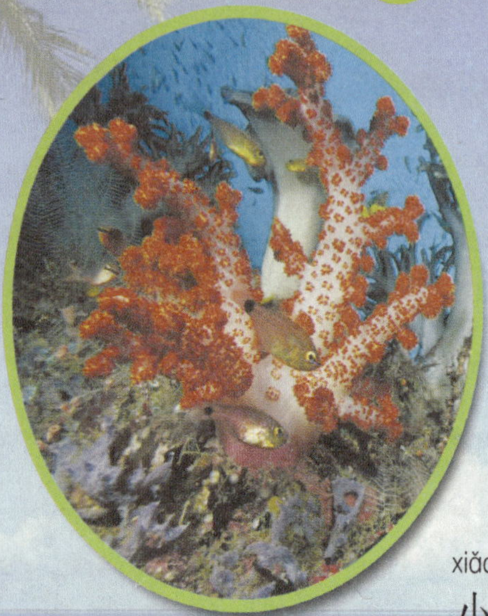

海洋世界

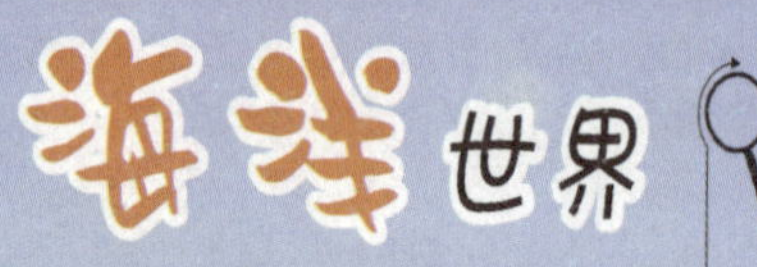

ZOUJIN AOMI SHIJIE

shì jiè hǎi yáng àn qū yù huà fēn
世界海洋按区域划分
wéi sì gè dà yáng hé yì xiē miàn jī jiào
为四个大洋和一些面积较
xiǎo de hǎi dà yáng shì hǎi yáng de zhòng yào
小的海。大洋是海洋的重要
bù fen dà yáng fēi cháng shēn jù lí lù dì bǐ jiào yáo yuǎn shòu
部分，大洋非常深，距离陆地比较遥远，受
lù dì de yǐng xiǎng bú dà shì jiè sì dà yáng wéi tài píng yáng dà
陆地的影响不大。世界四大洋为太平洋、大
xī yáng yìn dù yáng hé běi bīng yáng hǎi shì yáng de biān yuán
西洋、印度洋和北冰洋。海，是洋的边缘，

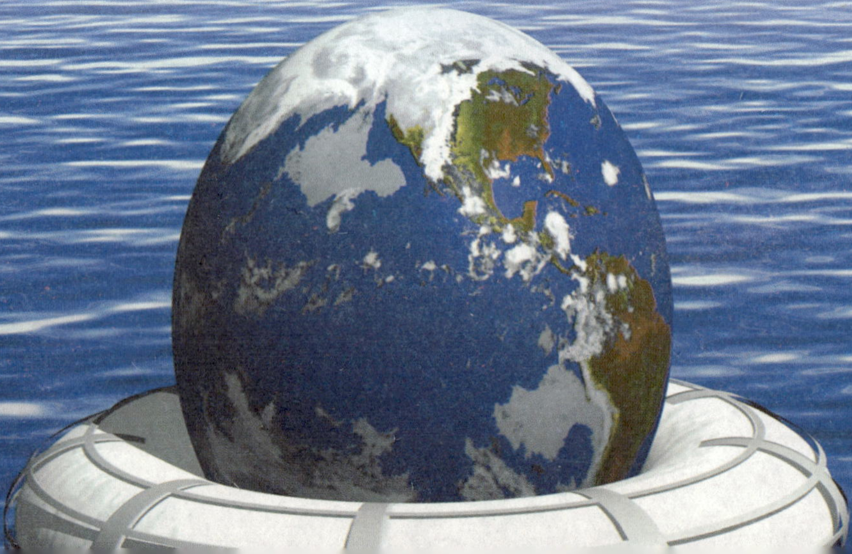

shēn dù bǐ jiào qiǎn wēn dù hé yán dù shòu
深度比较浅，温度和盐度受
lù dì de yǐng xiǎng jiào dà shì jiè shang
陆地的影响较大，世界上
zhǔ yào de hǎi dà yuē yǒu gè hǎi yáng
主要的海大约有50个。海洋
miàn jī páng dà shì yùn yù dì qiú shēng
面积庞大，是孕育地球生
mìng de yáo lán ér qiě yě tiáo jì zhe dì
命的摇篮，而且也调剂着地
qiú de qì hòu
球的气候。

大洋

海洋中含有13.5亿万立方千米的水，约占地球上总水量的97%。大洋非常深，一般都在3 000米以上，最深处可达一万多米。大洋洋底一般都有轮廓清晰的盆地、海底地形，水面上有盛行风，还有独特的洋流和潮汐系统。

海的分类

按照所处位置的不同，海可以分为边缘海和地中海两种。如东海、南海是边缘海；加勒比海是地中海。

美丽的太平洋

ZOUJIN AOMI SHIJIE

tài píng yáng wèi yú yà zhōu dà yáng zhōu nán měi zhōu běi měi zhōu yǐ jí nán jí zhōu zhī jiān tā de míng chēng lái yuán yú mài zhé lún chuán duì

太平洋位于亚洲、大洋洲、南美洲、北美洲以及南极洲之间。它的名称来源于麦哲伦船队。

tài píng yáng de yáng dǐ yǒu hěn duō hǎi

太平洋的洋底有很多海

太平洋之最

太平洋是世界上最大、最深的洋，平均深度4 028米，最深处马里亚纳海沟11034米。赤道南北分为南北太平洋。

太平洋上的火山带

太平洋区域内火山密布，且多为活火山。在太平洋海盆中，高出海底1 000米以上的火山有一万多座，并且分布得非常有规律。

dǐ shān mài zhè xiē hǎi dǐ shān mài duì bǔ yú
底山脉，这些海底山脉对捕鱼
yè yǒu hěn dà yì chu zài lù dì shang fēng
业有很大益处。在陆地上，风
yù dào shān mài huì chǎn shēng jīng guò lěng rè de
遇到山脉会产生经过冷热的
biàn huà ér xíng chéng de jiàng yǔ hǎi dǐ shān
变化而形成的降雨。海底山
dì zhōu wéi fēng fù de fú yóu shēng wù yǐn lái
地周围丰富的浮游生物引来
le dà liàng de yú qún shǐ nà lǐ chéng wéi yōu
了大量的鱼群，使那里成为优
liáng de tiān rán yú chǎng
良的天然渔场。

太平洋的命名？

1521年3月，当麦哲伦环球航行经过太平洋时，恰逢风平浪静之日，而且在东南信风稳定地吹拂下，他们顺利地到达了亚洲东南部，船员们高兴地说："这真是一个太平洋啊。"太平洋因此得名。

渔场

太平洋资源丰富，有很多渔场。

岛屿

在四大洋中，太平洋是岛屿最多、岛屿面积最大的大洋。

太平洋缩小

由于美洲和亚洲大陆每年都在靠近，所以太平洋正在缩小。

高温的印度洋

ZOUJIN AOMI SHIJIE

印度洋岛屿

印度洋上有许多岛屿，其中大部分为大陆岛，如马达加斯加岛、斯里兰卡岛、安达曼群岛以及明达威群岛等。

印度洋的生物资源

印度洋的生物资源主要是各种鱼类、软体动物和海兽。其中以印度半岛沿海的捕鱼量最大，包括沙丁鱼、比目鱼等。

yìn dù yáng wèi yú yà zhōu
印度洋位于亚洲、
fēi zhōu dà yáng zhōu hé nán jí zhōu
非洲、大洋洲和南极洲
zhī jiān zhěng gè shuǐ yù dōu zài dōng
之间，整个水域都在东
bàn qiú yīn qí wèi yú yà zhōu yìn
半球。因其位于亚洲印
dù bàn dǎo nán miàn gù dé cǐ
度半岛南面，故得此
míng yìn dù yáng de dà bù fen dì
名。印度洋的大部分地
qū zài rè dài suǒ yǐ yòu bèi chēng
区在热带，所以又被称
wéi rè dài hǎi yáng yīn qí dì lǐ wèi zhì
为“热带海洋”。因其地理位置
tè shū suǒ yǐ yìn dù yáng shang de rè dài
特殊，所以印度洋上的热带
fēng bào pín fā qiě cháng zào chéng jù dà zāi
风暴频发，且常造成巨大灾
nàn yìn dù yáng yáng dǐ dì xíng fù zá qí
难。印度洋洋底地形复杂，其
zhōng yǒu yì tiáo yìn dù yáng zhōng guī mó zuì
中有一条印度洋中规模最
dà de zhōng yāng shān mài yóu ā lā bó hǎi
大的中央山脉，由阿拉伯海
xiàng nán fēn wéi liǎng zhī
向南分为两支。

古老的大西洋

ZOUJIN AOMI SHIJIE

dà xī yáng de hǎi miàn fēn bù zhe xǔ duō dǎo yǔ běi bù de gé líng lán dǎo shì shì jiè dì yī dà dǎo zhōng bù zhǔ yào yóu biàn bù shān hú jiāo de xī yìn dù qún dǎo zǔ chéng nán bù zhǔ yào yǒu mǎ ěr wéi nà sī qún dǎo děng bù jǐn rú cǐ dà xī yáng hǎi dǐ hái fēn bù zhe hěn duō hǎi lǐng qí zhōng

大西洋的海面分布着许多岛屿，北部的格陵兰岛是世界第一大岛，中部主要由遍布珊瑚礁的西印度群岛组成；南部主要有马尔维纳斯群岛等。不仅如此，大西洋海底还分布着很多海岭。其中

yì tiáo běi qǐ bīng dǎo nán zhì bù wéi dǎo
一条北起冰岛，南至布韦岛
de hǎi dǐ shān lǐng shì shì jiè shang zuì zhuàng
的海底山岭是世界上最壮
guān de dà yáng zhōng jǐ hòu lái
观的大洋中脊。后来
jīng guò dì qiào yùn dòng hé bǎn kuài
经过地壳运动和板块
huó dòng hěn duō hǎi lǐng fú chū shuǐ
活动，很多海岭浮出水
miàn yòu xíng chéng le yí xì
面又形成了一系
liè dǎo yǔ
列岛屿。

大西洋的命名

在希腊神话中，传说擎天巨神阿特拉斯住在很远的西方，所以当人们看到无边无涯的大西洋时，便认为大洋的尽头是阿特拉斯栖身的地方，故称其为“阿特拉斯之海”，中文译为“大西洋”。

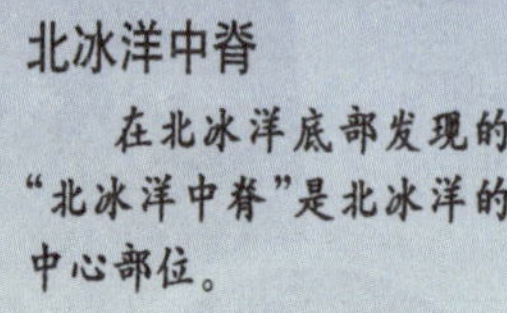

北冰洋中脊

在北冰洋底部发现的“北冰洋中脊”是北冰洋的中心部位。

寒冷的北冰洋

ZOUJIN AOMI SHIJIE

běi bīng yáng shì sì dà yáng zhōng wèi zhì zuì
北冰洋是四大洋中位置最
běi de dà yáng biǎo miàn quán nián fù gài
北的大洋，表面全年覆盖
bīng céng suǒ yǐ bèi chēng wéi běi bīng
冰层，所以被称为北冰
yáng tā shì shì jiè shang zuì xiǎo
洋，它是世界上最小、
zuì qiǎn zuì lěng de dà yáng běi
最浅、最冷的大洋。北
bīng yáng dì qū shí fēn hán lěng hǎi
冰洋地区十分寒冷，海

泰坦尼克号

世界上最豪华的“泰坦尼克号”在1912年4月15日的首航中，撞上了北冰洋上的冰山而沉没，共有1513人死亡。

北冰洋的命名

1650年，荷兰的一支探险队在北极探险，把北冰洋划分为一个独立的大洋，命名为“大北洋”。后来正式命名为北冰洋。

àn xiàn qū zhé zài tā de zhōu wéi yǒu xǔ duō wài xíng hěn qí tè de bīng shān
岸线曲折，在它的周围有许多外形很奇特的冰山。

běi bīng yáng suī rán hán lěng dàn shì yě bìng fēi cùn cǎo bù shēng hǎi yáng shēng wù jiào wéi fēng fù dà duō shì kào jìn lù dì shēng cún dòng wù zhǔ yào yǒu bái xióng hǎi bào hǎi xiàng běi jí hú xún lù děng yú lèi jí qí
北冰洋虽然寒冷，但是也并非寸草不生，海洋生物较为丰富，大多是靠近陆地生存，动物主要有白熊、海豹、海象、北极狐、驯鹿等；鱼类极其

xī yǒu zhǔ yào shì fēi yú hé xuě yú zhè lǐ hái yǒu fēng fù de kuàng wù zī
稀有，主要是鲱鱼和鳕鱼。这里还有丰富的矿物资
yuán zhǔ yào shì shí yóu hé tiān rán qì
源，主要是石油和天然气。

běi bīng yáng de miàn jī yuè lái yuè xiǎo jīng guò kē xué cè liáng běi bīng
北冰洋的面积越来越小，经过科学测量，北冰
yáng de wēn dù yǒu suǒ shàng shēng yì xiē bīng miàn róng huà chéng shuǐ zhè li
洋的温度有所上升，一些冰面融化成水，这里
shàng shēng wēn dù de sù dù bǐ qí tā dì
上升温度的速度比其他地
qū yào kuài yí dàn běi bīng yáng de bīng xuě
区要快，一旦北冰洋的冰雪
róng huà bì dìng huì dài gěi rén lèi yì xiǎng
融化，必定会带给人类意想
bú dào de zāi nàn
不到的灾难。

CHAPTER 5 第五章

海的魅力

相对于大洋来说，海是我们生活中常见的，熟知的。许多海因其特殊的地理位置、物理化学特性等因素而享誉世界。

光热充足的地中海

ZOUJIN AOMI SHIJIE

dì zhōng hǎi shì shì jiè shang zuì dà de
地中海是世界上最大的
lù jiān hǎi zhī yī dì chǔ yà ōu fēi sān dà
陆间海之一，地处亚、欧、非三大
zhōu zhī jiān shì hǎi shang yùn shū de zhòng yào
洲之间，是海上运输的重要
tōng dào
通道。

jīn tiān de dì zhōng hǎi shì ā tè tí sī
今天的地中海是阿特提斯
hǎi gǔ dì zhōng hǎi de cán cún bù fen dì
海（古地中海）的残存部分，地
zhōng hǎi de dì xíng zài zhōng shēng dài shí qī fàn
中海的地形在中生代时期范
wéi zhú jiàn suō xiǎo jiàn jiàn de xíng chéng le xiàn
围逐渐缩小，渐渐地形成了现

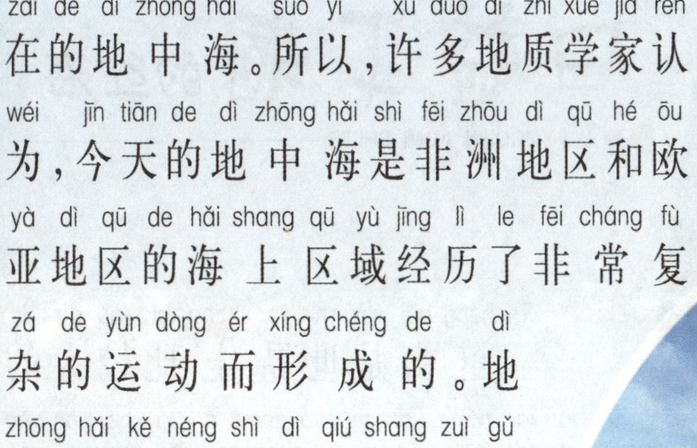

zài de dì zhōng hǎi suǒ yǐ xǔ duō dì zhì xué jiā rèn
在的地中海。所以，许多地质学家认
wéi jīn tiān de dì zhōng hǎi shì fēi zhōu dì qū hé ōu
为，今天的地中海是非洲地区和欧
yà dì qū de hǎi shang qū yù jīng lì le fēi cháng fù
亚地区的海上区域经历了非常复
zá de yùn dòng ér xíng chéng de dì
杂的运动而形成的。地
zhōng hǎi kě néng shì dì qiú shang zuì gǔ
中海可能是地球上最古
lǎo de hǎi yù zhī yī
老的海域之一。

气候宜人

地中海地区气候宜人。

地中海的美食？

地中海附近的国家有很多美食，希腊、西班牙、法国南部和意大利等地中海沿岸的城市，大多以海鲜为主食，加上独特的制作，美食成为了吸引各国游客的重要项目之一。如纯正的乳酪、香醇的葡萄酒等。

日益干涸的红海

ZOUJIN AOMI SHIJIE

hóng hǎi shì shì jiè shang bǐ jiào dà de
红海是世界上比较大的
lù jiān hǎi dì chǔ yà zhōu ā lā bó bàn dǎo
陆间海，地处亚洲阿拉伯半岛
hé fēi zhōu dà lù zhī jiān shì yìn dù yáng yǔ
和非洲大陆之间，是印度洋与
dà xī yáng zhī jiān de zhòng yào tōng dào
大西洋之间的重要通道。

hóng hǎi dì qū shēng zhǎng zhe dà liàng de hóng zǎo shǐ hǎi shuǐ kàn qi lai
红海地区生长着大量的红藻，使海水看起来
shì yàn lì de hóng sè hóng hǎi qì hòu gān rè shā chén mí màn hǎi shuǐ de
是艳丽的红色。红海气候干热，沙尘弥漫，海水的

wēn dù shàng shēng yǔ zhēng fā shǐ qí chéng
温度上升与蒸发使其成
wéi shì jiè shang hǎi shuǐ wēn dù hé yán dù
为世界上海水温度和盐度
zuì gāo de hǎi yù yóu yú zhēng fā liàng
最高的海域。由于蒸发量
dà yú jiàng yǔ liàng rú guǒ bú shì lái zì
大于降雨量，如果不是来自
yú yìn dù yáng de hǎi shuǐ bú duàn bǔ
于印度洋的海水不断补
chōng hóng hǎi kě néng zǎo yǐ gān hé le
充，红海可能早已干涸了。

海水温度高

地球海洋表面的年平均气温为17℃，而红海的表面水温8月份可达27℃~32℃，即使是200米以下的深水，也可达21℃。

扩张的红海

据证实，红海现在一直在不停的"扩张"。如果按照目前平均每年1厘米的速度扩张的话，过几亿年，红海将成为大洋。

红海旅游

红海有柔软的细沙，是观光游览的好去处。有各种水上休闲娱乐运动，特别是潜水，这里的海水能见度高，水温适宜。

生态环境恶劣的黑海

hēi hǎi dì chǔ ōu yà dà lù nèi bù zhōu
黑海地处欧亚大陆内部，周
wéi bèi bā ěr gàn bàn dǎo hé xiǎo yà xì yà bàn
围被巴尔干半岛和小亚细亚半
dǎo yǔ wài hǎi gé kāi jǐn tōng guò xiá zhǎi de hēi
岛与外海隔开，仅通过狭窄的黑
hǎi hǎi xiá yǔ dì zhōng hǎi xiāng lián
海海峡与地中海相连。

hēi hǎi hǎi yù huán jìng è liè dōng jì
黑海海域环境恶劣，冬季

双层的黑海

黑海是地球上唯一的双层海。大多数海洋动物都生活在200米深度的上层，下层处于严重缺氧状态，只有厌氧细菌存在。

黑海的死寂海底

黑海中的厌氧细菌将海水中的硫酸盐分解为硫化氢，硫化氢对鱼类有害，所以黑海的深水区和海底是一片死寂的世界。

▲黑海水域的卫星云图。

cháng cháng xiān qǐ hài rén de jīng tāo jù làng
常常掀起骇人的惊涛巨浪。
suī rán hǎi shuǐ yán dù jiào dī dàn yóu yú hǎi
虽然海水盐度较低，但由于海
shuǐ zài liú dòng guò chéng zhōng shēn céng hǎi
水在流动过程中深层海
shuǐ bù néng zhèng cháng jiāo huàn jiù huì chǎn
水不能正常交换，就会产
shēng duì rén tǐ yǒu hài de qì tǐ yīn cǐ hǎi yáng
生对人体有害的气体，因此海洋

▲黑海边的城堡——雅尔塔。

shēn chù de shēng wù hěn shǎo néng gòu cún huó zhǐ shēng cún zhe xún yú děng shǎo
深处的生物很少能够存活，只生存着鲟鱼等少
shù yú lèi bú guò hēi hǎi yán àn qì hòu yí rén huán jìng yě fēi cháng yōu
数鱼类；不过，黑海沿岸气候宜人，环境也非常优
měi fēn bù zhe xǔ duō zhù míng de liáo yǎng dì hé lǚ yóu qū
美，分布着许多著名的疗养地和旅游区。

受污染的黑海

上个世纪90年代，黑海受污染严重，环保专家指出，当时欧洲地区的17个国家、13座工业大城市和1.6亿人口的工业废水、生活污水全都流进了黑海，黑海中的废弃物不计其数。但近年来，黑海的生态环境有所改善。

海域繁忙的北海

ZOUJIN AOMI SHIJIE

běi hǎi de yì si shì běi biān de hǎi tā shì dà xī yáng de yí gè
北海的意思是“北边的海”，它是大西洋的一个
biān yuán hǎi wèi yú ōu zhōu xī bù
边缘海，位于欧洲西部。

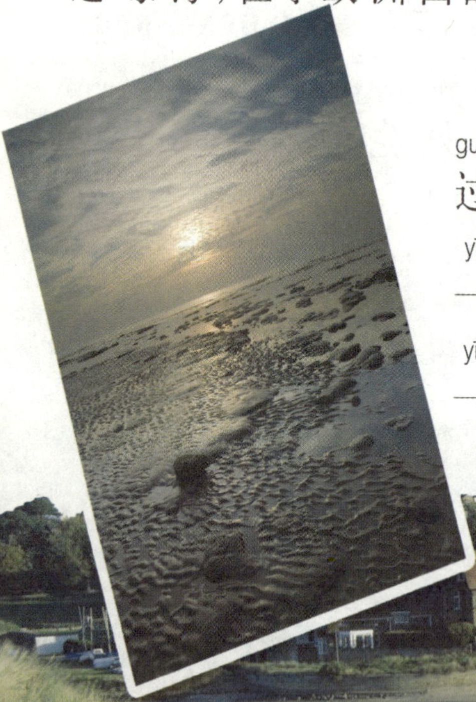

běi hǎi de dà bù fen shuǐ shēn bù chāo
北海的大部分水深不超
guò mǐ shì shì jiè zhù míng de qiǎn hǎi zhī
过100米，是世界著名的浅海之
yī běi hǎi shì shì jiè sì dà yú chǎng zhī
一。北海是世界四大渔场之
yī yú lèi chǎn liàng zhàn shì jiè yí bàn
一，鱼类产量占世界一半，

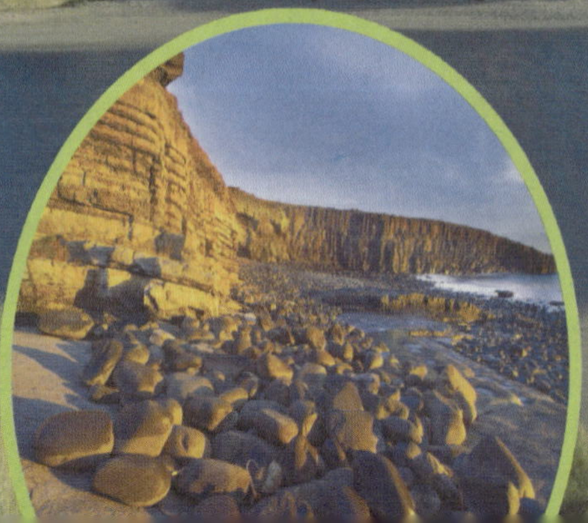

shèng chǎn xuě yú fēi yú hé lóng xiā děng
盛产鳕鱼、鲱鱼和龙虾等，
bǔ yú yè shì yán hǎi gè guó de chuán tǒng chǎn
捕鱼业是沿海各国的传统产
yè cǐ wài běi hǎi de shí yóu hé tiān rán qì yě
业。此外，北海的石油和天然气也
fēi cháng fēng fù hé lán yīng guó nuó wēi dān mài
非常丰富，荷兰、英国、挪威、丹麦
děng guó dōu fā xiàn le shí yóu hé tiān rán qì cóng ér shǐ běi hǎi chéng wéi shì
等国都发现了石油和天然气，从而使北海成为世
jiè shang zhǔ yào de chǎn yóu qū zhī yī běi hǎi hái shi ōu zhōu gè guó yǔ qí
界上主要的产油区之一。北海还是欧洲各国与其
tā dà zhōu huò yùn de zhǔ yào háng dào hǎi
他大洲货运的主要航道，海
yù fēi cháng fán máng
域非常繁忙。

北海概况？

北海位于欧洲北部，西部以英国的大不列颠岛为界；东部与挪威、丹麦、德国、荷兰、比利时和法国相邻；南部经英吉利海峡、多佛尔海峡与比斯开湾相通；北部是辽阔的大西洋。

气候恶劣的白令海

ZOUJIN AOMI SHIJIE

白令海 海象

bái lìng hǎi wèi yú tài píng
白令海位于太平
yáng běi bù biān yuán běi jīng bái
洋北部边缘，北经白
lìng hǎi xiá yǔ běi bīng yáng xiāng
令海峡与北冰洋相
tōng nán gé ā liú shēn qún dǎo yǔ
通，南隔阿留申群岛与
tài píng yáng xiāng lián
太平洋相连。

bái lìng hǎi qì hòu è liè dōng jì tiān
白令海气候恶劣：冬季天

宝地——白令海

白令海的海底蕴藏着丰富的石油、天然气资源，海洋生物种类也非常丰富。

气多风暴和浓雾，大部分海域被冰层覆盖；夏季气温只有10℃左右，虽然没有冰层，但是多狂风天气，是世界上航行最艰难的地区之一。海上结冰在每年9月开始，次年1月的结冰范围最大。直到5月开始融冰。

白令海命名

白令海是以丹麦航海家V·白令的名字命名的。1724年和1741年，他两次到达这里，第二次返航时，白令和船员触礁遇难。

白令海的海底

白令海的海底可以分为两个区域，东北半部完全为大陆架，也是世界上最大的大陆架之一，西南半部由深水海盆组成。

历史悠久的阿拉伯海

ZOUJIN AOMI SHIJIE

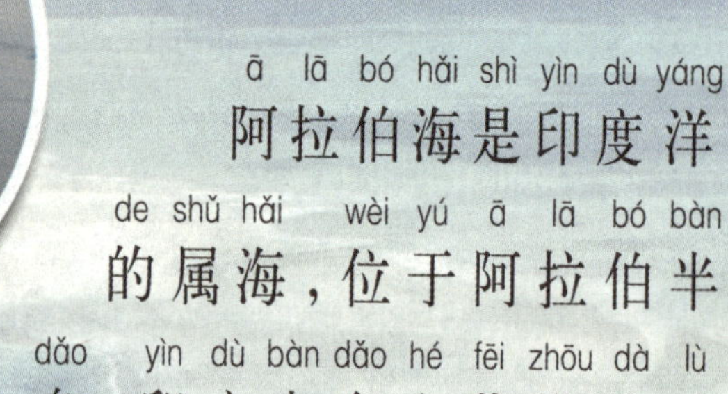

ā lā bó hǎi shì yìn dù yáng
阿拉伯海是印度洋
de shǔ hǎi wèi yú ā lā bó bàn
的属海，位于阿拉伯半
dǎo yìn dù bàn dǎo hé fēi zhōu dà lù
岛、印度半岛和非洲大陆
zhī jiān shì shì jiè dì èr dà hǎi ā lā bó hǎi zì rán zī yuán shí fēn fēng
之间，是世界第二大海。阿拉伯海自然资源十分丰
fù yán hǎi dà lù jià yùn cáng zhe fēng fù de shí yóu hé tiān rán qì zī yuán
富：沿海大陆架蕴藏着丰富的石油和天然气资源；
shèng chǎn zhēn zhū qīng yú shā dīng yú bǐ mù yú jīn qiāng yú děng hǎi
盛产珍珠、鲭鱼、沙丁鱼、比目鱼、金枪鱼等海

chǎn pǐn
产品。

ā lā bó hǎi shì bō sī wān shí yóu duì wài yùn shū de chū kǒu shì shì jiè shang hǎi shang shí yóu yùn shū liàng zuì dà de hǎi yù yě shì lián jiē yìn dù yáng bō sī wān dì zhōng hǎi yǐ jí dà xī yáng de háng yùn shuǐ dào
阿拉伯海是波斯湾石油对外运输的出口,是世界上海上石油运输量最大的海域,也是连接印度洋、波斯湾、地中海以及大西洋的航运水道。

阿拉伯海盗

历史上,阿拉伯海盗蒂皮·蒂普在阿拉伯海上曾经抢劫过一支阿拉伯船队,但没有成功,这件事流传至今。

交通枢纽

阿拉伯海是联系亚、欧、非三大洲的水上要道,沿岸著名的海港有孟买、卡拉奇、亚丁、吉布提等。

生物资源丰富的渤海

bó hǎi wèi yú zhōng guó liáo dōng bàn dǎo shān dōng bàn
渤海位于中国，辽东半岛、山东半
dǎo jiāng qí yǔ huáng hǎi gé kāi yīn wèi bó hǎi shēn rù dà lù
岛将其与黄海隔开。因为渤海深入大陆，
chéng wān zhuàng yīn cǐ yòu chēng bó hǎi wān bó hǎi hǎi
呈湾状，因此又称“渤海湾”。渤海海
dǐ yùn cáng zhe fēng fù de tiān rán qì hé shí yóu zī yuán shèng lì yóu
底蕴藏着丰富的天然气和石油资源，胜利油
tián hé dà gǎng yóu tián wèi yú cǐ chù cǐ wài zhè lǐ de shēng
田和大港油田位于此处。此外，这里的生

wù zī yuán yě fēi cháng fēng fù shèng chǎn duì xiā xiè dài yú hé huáng huā
物资源也非常丰富，盛产对虾、蟹、带鱼和黄花
yú děng ér bó hǎi hǎi xiá zhōng de shé dǎo
鱼等，而渤海海峡中的蛇岛
shì gè zhǒng dú shé de tiān táng qí
是各种毒蛇的天堂，其
zhōng yǐ fù shé zuì wéi zhù míng
中以蝮蛇最为著名。

附近城市？

渤海附近城市的经济发达，有很多著名的大中型企业，许多产业发展迅速，其中包括钢铁、机械、电子仪器、石油、石油化工、造船等行业，带动了整个地区以及国家的经济发展。

南海岛屿

南海海域大多属于热带气候，非常适合珊瑚的繁殖，所以除海南岛、太平岛等北部几个岛屿属大陆岛外，其余多数都属于珊瑚岛。

常年高温的南海

ZOUJIN AOMI SHIJIE

nán hǎi yòu jiào nán zhōng guó hǎi
南海又叫“南中国海”，
dì chǔ zhōng guó nán bù shì shì jiè dì sān
地处中国南部，是世界第三
dà biān yuán hǎi yīn qí wèi yú tài píng yáng
大边缘海。因其位于太平洋
hé yìn dù yáng zhī jiān de zhòng yào háng yùn wèi zhì suǒ yǐ
和印度洋之间的重要航运位置，所以
zài jīng jì guó fáng shang dōu jù yǒu jí qí zhòng yào de yì yì
在经济、国防上都具有极其重要的意义。

zhěng gè nán hǎi hǎi yù zì rán zī yuán fēi cháng fēng fù běi bù qiǎn hǎi
整个南海海域自然资源非常丰富，北部浅海
dì qū fù hán shí yóu hé tiān rán qì zī yuán shēng wù zī yuán yǐ hǎi shēn mǔ
地区富含石油和天然气资源。生物资源以海参、牡

lì mǎ tí luó jīn qiāng yú lóng xiā suō zi
蛎、马蹄螺、金枪鱼、龙虾、梭子
yú děng rè dài shuǐ chǎn ér zhù míng qí zhōng
鱼等热带水产而著名。其中
hǎi shēn zuì wéi míng guì tā de yíng yǎng jià zhí
海参最为名贵，它的营养价值
yú yú chì yàn wō qí míng qiě zhǒng lèi hěn
与鱼翅、燕窝齐名，且种类很
duō qí zhōng yǒu sì shí duō zhǒng shì kě yǐ shí
多，其中有四十多种是可以食

南海岛屿

南海海域大多属于热带气候，非常适合珊瑚的繁殖，所以除海南岛、太平岛等北部几个岛屿属大陆岛外，其余多数都属于珊瑚岛。

中国最深、最大的海

南海是中国最深、最大的海，也是仅次于珊瑚海和阿拉伯海的世界第三大陆缘海。南部的曾母暗沙位于北纬4°附近，是我国领土的最南端。

yòng de hǎi niǎo
用的。海鸟
shì nán hǎi qún dǎo zhòng yào
是南海群岛重要
de shēng wù zhè zhǒng niǎo bèi
的生物，这种鸟被
chēng wéi dǎo háng niǎo hái kě gōng rén men
称为“导航鸟”，还可供人们
shí yòng hé yào yòng
食用和药用。

nán hǎi zhū dǎo zhōng de dōng shā qún
南海诸岛中的东沙群
dǎo xī shā qún dǎo zhōng shā qún dǎo yǐ jí
岛、西沙群岛、中沙群岛，以及
nán shā qún dǎo zì gǔ yǐ lái jiù shì zhōng guó
南沙群岛自古以来就是中国
de lǐng tǔ
的领土。

高温的南海

由于接近赤道，南海终年高温，年平均气温25℃~28℃，最冷月份的平均气温也在20℃以上。

CHAPTER 6 第六章

海峡与海湾

由德国科学家魏格纳提出的大陆漂移学说可知，地球上的陆地分成几大板块，它们在千百万年不断地移动中，形成了许多海峡与海湾。

水流通畅的台湾海峡

ZOUJIN AOMI SHIJIE

海峡的位置

台湾海峡位于我国台湾省和福建省之间，属于东海海区，南通南海。海上有金坛岛、金门岛、南日岛、南澳岛四大岛。

养殖业发达

台湾海峡生物资源丰富，两岸人民养殖牡蛎和虱目鱼的很多。传说，郑成功收复台湾后，曾倡导人民养殖虱目鱼。

tái wān hǎi xiá bèi chēng wéi wǒ guó de
台湾海峡被称为我国的
hǎi shang zǒu láng tái wān hǎi xiá liǎng àn de
“海上走廊”。台湾海峡两岸的
dì xíng chā bié fēi cháng dà xī àn duō wéi yán
地形差别非常大。西岸多为岩
shí hǎi àn hǎi àn xiàn qū zhé xuán yá qiào
石海岸，海岸线曲折，悬崖峭
bì qí fēng yì shí hǎi dǎo mì bù
壁，奇峰异石，海岛密布。

tái wān hǎi xiá de shēng wù zī yuán fēi
台湾海峡的生物资源非

cháng fēng fù yú xiā zhǒng lèi fán
常丰富。鱼虾种类繁

duō shì wǒ guó zhòng yào de yú chǎng zhī yī cǐ wài hǎi xiá liǎng àn hái yǎng
多，是我国重要的渔场之一，此外，海峡两岸还养

zhí le gè zhǒng bèi zǎo lèi tái wān hǎi xiá dǐ bù de yóu qì zī yuán yě xiāng
殖了各种贝藻类。台湾海峡底部的油气资源也相

dāng fēng fù gū jì chǔ cáng miàn jī yuē yǒu èr wàn píng fāng qiān mǐ shì hěn
当丰富，估计储藏面积约有二万平方千米，是很

yǒu xī wàng chéng wéi shí yóu kāi cǎi qū de
有希望成为石油开采区的。

冬暖夏凉的 英吉利海峡和多佛尔海峡

ZOUJIN AOMI SHIJIE

景色优美

英吉利海峡上的灯塔美观又实用，成为海峡边的一道亮丽风景线。

yīng jí lì hǎi xiá hé duō fó ěr hǎi xiá
英吉利海峡和多佛尔海峡
wèi yú dà bú liè diān dǎo hé ōu zhōu dà lù zhī
位于大不列颠岛和欧洲大陆之
jiān yǐ fǎ guó sài nà hé kǒu dào yīng guó pǔ lì
间，以法国塞纳河口到英国朴利
máo sī wéi jiè xī nán duàn wéi yīng jí lì hǎi
茅斯为界，西南段为英吉利海
xiá dōng běi duàn wéi duō fó ěr hǎi xiá
峡，东北段为多佛尔海峡。

qí hǎi xiá qì hòu dōng nuǎn xià liáng zhōng nián shī rùn duō yǔ wù zhè
其海峡气候冬暖夏凉，终年湿润多雨雾。这
lǐ wù qì jiào dà yì nián zhōng yǒu gè yuè yǐ shàng de shí jiān shì duō wù tiān
里雾气较大，一年中有6个月以上的时间是多雾天

qì yīng jí lì hǎi xiá hé duō fó ěr hǎi xiá de
气。英吉利海峡和多佛尔海峡的
zī yuán fēi cháng fēng fù nián jiàn chéng de
资源非常丰富。1966年建成的
fǎ guó lǎng sī cháo xī diàn zhàn shì mù qián shì jiè
法国朗斯潮汐电站是目前世界
shang zuì dà de cháo xī diàn zhàn
上最大的潮汐电站。

yīng jí lì hǎi xiá hé duō fó ěr hǎi xiá shì
英吉利海峡和多佛尔海峡是
ōu zhōu dào měi zhōu fēi zhōu háng xiàn de bì jīng
欧洲到美洲、非洲航线的必经
zhī lù zhè lǐ shì guó jì háng yùn zuì fán máng de
之路。这里是国际航运最繁忙的
shuǐ dào měi nián tōng guò hǎi xiá de chuán zhī bú
水道，每年通过海峡的船只不
jì qí shù
计其数。

天然屏障?

英吉利海峡是大不列颠岛的天然屏障，这里是历史上多次战争的重要场地。为了促进海峡两岸的发展，人们开凿了一条贯穿多佛尔海峡的海底铁路隧道，称为欧洲隧道，这是世界最长的海底隧道。

银色航道

由于海运繁忙，英吉利海峡被称为“银色的航道”。

如梦似幻

英吉利海峡有似仙境般的奇景。

物产丰富

英吉利海峡盛产石油、天然气等矿产资源。

运输繁忙的马六甲海峡

mǎ liù jiǎ hǎi xiá wèi yú mǎ lái bàn dǎo hé sū mén dá là dǎo zhī jiān
马六甲海峡位于马来半岛和苏门答腊岛之间，
chéng dōng nán xī běi zǒu xiàng mǎ liù jiǎ hǎi xiá yǒu zhe yōu jiǔ de lì shǐ
呈东南-西北走向。马六甲海峡有着悠久的历史，
shì ā lā bó rén kāi pì de zuì zǎo dào dá zhōng guó de háng xiàn zhè tiáo háng
是阿拉伯人开辟的最早到达中国的航线，这条航

“狮城”

马六甲海峡附近的新加坡地形如狮子，因为被称为“狮城”，被人们认为是最美丽的花园城市。

卫星云图

马六甲海峡卫星云图。

马六甲古城

马六甲古城位于马来西亚的马六甲省。

xiàn yùn shū le dà liàng de sī chóu cí qì hé
线运输了大量的丝绸、瓷器和
xiāng liào chéng wéi shì jiè zuì fán máng de hǎi xiá
香料，成为世界最繁忙的海峡
zhī yī mǎ liù jiǎ hǎi xiá shì gōu tōng tài píng yáng
之一。马六甲海峡是沟通太平洋
yǔ yìn dù yáng de yào dào yě shì yà fēi ōu
与印度洋的要道，也是亚、非、欧
děng guó wǎng lái de bì jīng zhī dào mǎ liù jiǎ
等国往来的必经之道。马六甲
hǎi xiá hěn shǎo yǒu fēng hǎi shang zhōng nián fēng
海峡很少有风，海上终年风
píng làng jìng yán àn dì qū měi lì fù ráo
平浪静，沿岸地区美丽富饶。

繁忙的海峡

马六甲海峡的通航历史远达两千多年，是环球航线的一个重要环节。每年有五万多艘货轮、油轮及其他船只通过。近年来，马六甲海峡过往的船只达10万多艘。

气候情况

马六甲海峡沿岸美丽富饶，两岸遍布热带丛林，藤萝攀援植物、高达60米的常绿树木随处可见，同时它也是热带橡胶、锡和石油的重要产地。

天气多变的直布罗陀海峡

ZOUJIN AOMI SHIJIE

zhí bù luó tuó hǎi xiá wèi yú xī bān yá zuì nán
直布罗陀海峡位于西班牙最南
duān hé fēi zhōu xī běi bù zhī jiān shì lián jiē
端和非洲西北部之间，是连接
dì zhōng hǎi hé dà xī yáng de zhòng yào
地中海和大西洋的重要
mén hù qí quán cháng yuē qiān mǐ
门户。其全长约90千米，
zuì zhǎi chù jǐn qiān mǐ
最窄处仅14千米。

名称由来？

直布罗陀海峡的名字来源于东北部塔里格建造的直布罗陀港。它的地理位置很重要，自古就是兵家必争之地，二战期间，曾是英军和德军较量的战场之一。有的人认为，亚特兰蒂斯可能就消失于直布罗陀海峡。

zhí bù luó tuó hǎi xiá shì dì zhōng hǎi de
直布罗陀海峡是地中海的
shēng mìng yuán quán dì zhōng hǎi bú huì kū
“生命源泉”。地中海不会枯
jié de yuán yīn jiù shì zhí bù
竭的原因就是直布
luó tuó hǎi xiá wèi dì zhōng hǎi
罗陀海峡为地中海
bú duàn de bǔ chōng hǎi shuǐ
不断地补充海水。
zhí bù luó tuó hǎi xiá jīng cháng
直布罗陀海峡经常
yǒu dà wù tiān qì yóu qí shì zài měi
有大雾天气，尤其是在每
nián de yuè shí jiù huì zài hǎi
年的4~5月时，就会在海
miàn shang xíng chéng yí dà piàn wù
面上形成一大片雾
qū jiù suàn shì lí de hěn jìn de
区，就算是离得很近的
liǎng gè rén yě kàn bu qīng duì fāng
两个人也看不清对方。

探险者众多

许多探险爱好者都喜欢在直布罗陀海峡中“乘风破浪”。

高温多雨的墨西哥湾

ZOUJIN AOMI SHIJIE

mò xī gē wān wèi yú běi měi zhōu dōng
墨西哥湾位于北美洲东
nán bù biān yuán jīng guò fó luó lǐ dá hǎi xiá
南部边缘，经过佛罗里达海峡
jìn rù dà xī yáng zài jīng yóu kǎ tǎn hǎi xiá
进入大西洋，再经尤卡坦海峡
yǔ jiā lè bǐ hǎi xiāng lián mò xī gē wān hǎi
与加勒比海相连。墨西哥湾海
àn xiàn qū zhé àn biān duō wéi qiǎn tān hé hóng
岸线曲折，岸边多为浅滩和红
shù lín hǎi dǐ fù zá běi àn yǒu zhù míng de
树林。海底复杂，北岸有著名的
mì xī xī bǐ hé liú rù bǎ dà liàng ní shā
密西西比河流入，把大量泥沙

名字由来

墨西哥湾因濒临墨西哥而得名。

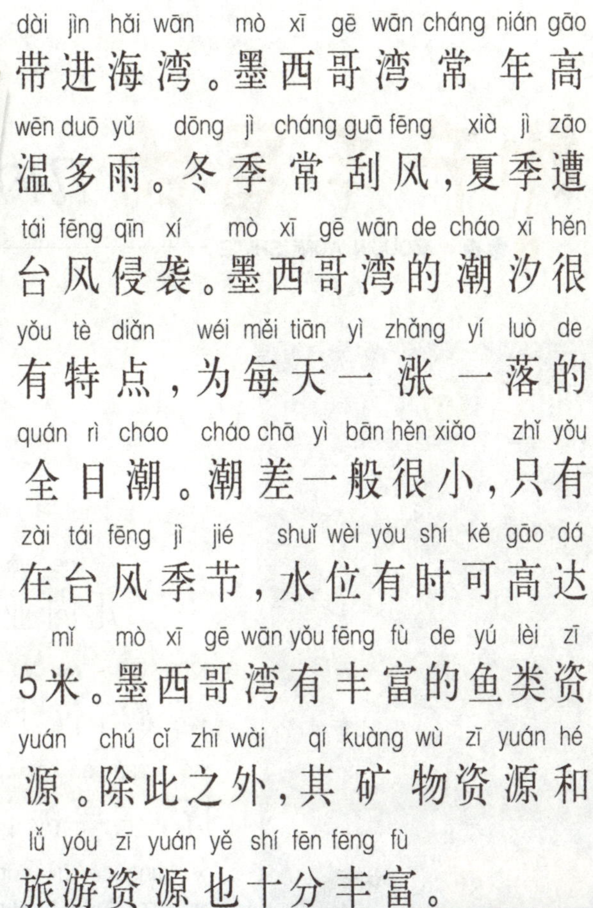

dài jìn hǎi wān mò xī gē wān cháng nián gāo
带进海湾。墨西哥湾常年高
wēn duō yǔ dōng jì cháng guā fēng xià jì zāo
温多雨。冬季常刮风，夏季遭
tái fēng qīn xí mò xī gē wān de cháo xī hěn
台风侵袭。墨西哥湾的潮汐很
yǒu tè diǎn wéi měi tiān yì zhǎng yí luò de
有特点，为每天一涨一落的
quán rì cháo cháo chā yì bān hěn xiǎo zhǐ yǒu
全日潮。潮差一般很小，只有
zài tái fēng jì jié shuǐ wèi yǒu shí kě gāo dá
在台风季节，水位有时可高达
mǐ mò xī gē wān yǒu fēng fù de yú lèi zī
5米。墨西哥湾有丰富的鱼类资
yuán chú cǐ zhī wài qí kuàng wù zī yuán hé
源。除此之外，其矿物资源和
lǚ yóu zī yuán yě shí fēn fēng fù
旅游资源也十分丰富。

世界第一大暖流

墨西哥湾的湾流是世界第一大暖流，它使西北欧地区气候温软湿润，冬季无严寒。

物产丰富的几内亚湾

ZOUJIN AOMI SHIJIE

地理位置

几内亚湾西起利比里亚的帕尔马斯角,东至加蓬的洛佩斯角。沿岸国家有利比里亚、科特迪瓦、加纳、多哥、贝宁、尼日利亚、喀麦隆、赤道几内亚等。

石油资源丰富

几内亚湾沿岸有喀麦隆、科特迪瓦等国家,还有众多河流注入几内亚湾,从而形成了丰富的石油资源,使沿岸国家备受关注。

jǐ nèi yà wān shì shì jiè shang zuì dà de
几内亚湾是世界上最大的
gǎng wān wèi yú xī fēi qí hǎi àn xiàn shǎo qū
港湾,位于西非。其海岸线少曲
zhé zhǔ yào hǎi wān yǒu wèi yú ní rì ěr hé dōng
折,主要海湾有位于尼日尔河东
xī liǎng cè de bāng ní wān hé bèi níng wān
西两侧的邦尼湾和贝宁湾。

jǐ nèi yà wān céng shì ōu zhōu zhí mín zhě
几内亚湾曾是欧洲殖民者
de zhàn lǐng qū yīn wèi zhè lǐ de wù chǎn fēng
的占领区,因为这里的物产丰
fù yǒu nú lì hǎi àn huáng jīn hǎi
富,有“奴隶海岸”、“黄金海
àn xiàng yá hǎi àn hé hú jiāo hǎi àn
岸”、“象牙海岸”和“胡椒海岸”

景色秀丽

几内亚湾海水清澈，风景宜人，是旅游度假的最佳地点之一。

děng míng zì jǐ nèi yà wān de yú
等名字。几内亚湾的渔
chǎn fēng fù zhè lǐ yǒu fēi yú shā
产丰富，这里有鲱鱼、沙
dīng yú nián yú lóng xiā děng shuǐ
丁鱼、鲶鱼、龙虾等水
chǎn hǎi wān yán àn duō qiǎn tān hé hóng
产。海湾沿岸多浅滩和红
shù lín dàn quē shǎo tiān rán yōu liáng
树林，但缺少天然优良
gǎng kǒu qí zhǔ yào gǎng kǒu yǒu ā bǐ
港口，其主要港口有阿比

交汇点

几内亚湾是大西洋的一部分，赤道和本初子午线在这里交汇。

ràng ā kè lā luò měi kē tuō nǔ lā gè sī dù ā lā hé lì bó wéi ěr děng fēi zhōu kě kě kā fēi yóu zōng hé tiān rán xiàng jiāo shì jǐ nèi yà wān yán àn de sì dà nóng zuò wù chǎn liàng zài shì jiè shang pái míng qián liè

让、阿克拉、洛美、科托努、拉各斯、杜阿拉和利伯维尔等。非洲可可、咖啡、油棕和天然橡胶是几内亚湾沿岸的四大农作物，产量在世界上排名前列。

jǐ nèi yà wān shí yóu zī yuán fēng fù shì guó jiā de zhǔ yào jīng jì lái yuán

几内亚湾石油资源丰富，是国家的主要经济来源。

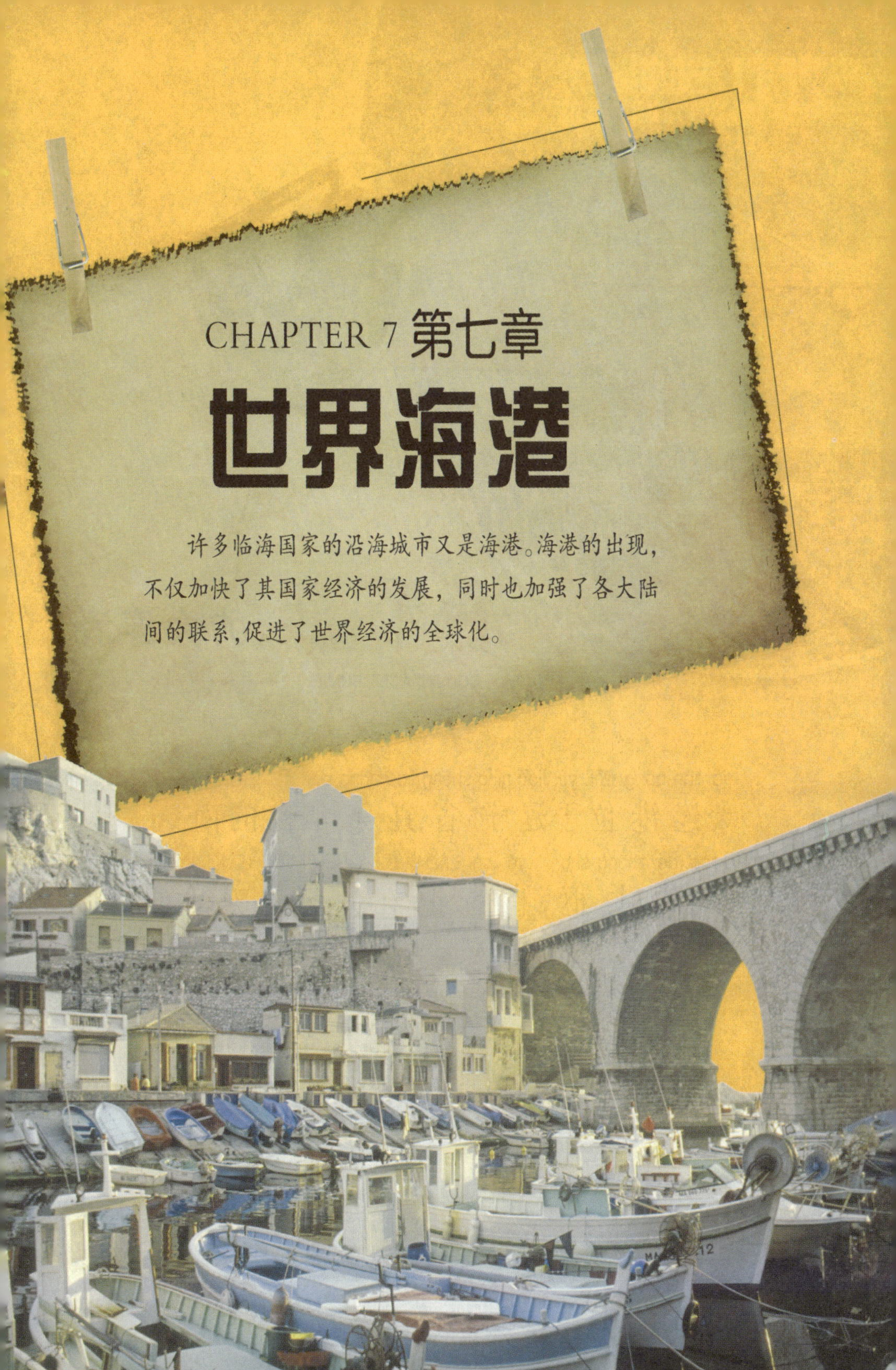

CHAPTER 7 第七章

世界海港

许多临海国家的沿海城市又是海港。海港的出现，不仅加快了其国家经济的发展，同时也加强了各大陆间的联系,促进了世界经济的全球化。

不淤不冻的大连港

ZOUJIN AOMI SHIJIE

dà lián gǎng wèi yú liáo níng shěng liáo dōng bàn dǎo de nán duān shì xī běi
大连港位于辽宁省辽东半岛的南端，是西北
tài píng yáng de zhōng shū yě shì zhèng zài xīng qǐ de dōng běi yà jīng jì quān
太平洋的中枢，也是正在兴起的东北亚经济圈
de zhōng xīn
的中心。

dà lián gǎng gǎng kuò shuǐ shēn bù yū bú
大连港港阔水深，不淤不
dòng zì rán tiáo jiàn fēi cháng yōu yuè shì zhuǎn
冻，自然条件非常优越，是转
yùn yuǎn dōng nán yà běi měi ōu zhōu huò wù
运远东、南亚、北美、欧洲货物
zuì biàn jié de gǎng kǒu xiàn yǒu de gǎng nèi tiě
最便捷的港口。现有的港内铁
lù zhuān yòng xiàn yǒu yú qiān mǐ cāng kù
路专用线有150余千米、仓库
yú wàn píng fāng mǐ huò wù duī chǎng wàn
30余万平方米、货物堆场180万
píng fāng mǐ gè lèi zhuāng xiè jī xiè qiān yú
平方米、各类装卸机械千余
tái yōng yǒu jí zhuāng xiāng yuán yóu chéng pǐn
台；拥有集装箱、原油、成品
yóu liáng shi méi tàn sǎn kuàng huà gōng chǎn
油、粮食、煤炭、散矿、化工产
pǐn děng duō gè xiàn dài huà zhuān yè bó wèi
品等80多个现代化专业泊位。

美丽的大连

大连是一座依山傍海、风景优美的滨海城市，市内有老虎滩公园、中山公园、棒槌岛、旅顺口、碧海山庄、黑石礁等著名景区。

大连港以拥有的众多港口群著称。从大窑湾到老虎滩的海岸，上千米的海岸线上每隔4千米就有一个港口，是中国港口密度最高的海岸。

繁忙的大连港

大连港交通便利，每天的货运量巨大。

运输条件优越的秦皇岛港

qín huáng dǎo gǎng wèi yú bó hǎi liáo dōng wān xī cè hé běi shěng bīn hǎi píng yuán de dōng běi cè dì chǔ shān hǎi guān nèi wài yào chōng wèi yú qín huáng dǎo shì guǎn xiá de fàn wéi nèi

秦皇岛港位于渤海辽东湾西侧，河北省滨海平原的东北侧，地处山海关内外要冲，位于秦皇岛市管辖的范围内。

qín huáng dǎo gǎng kǒu duì wài jiāo tōng fā dá yùn shū tiáo jiàn yōu yuè mù qián yǔ shì jiè

秦皇岛港口对外交通发达，运输条件优越。目前与世界

不冻港

秦皇岛港是我国北方著名的不冻港，也是世界第一大能源输出港，还是我国“北煤南运”的重要通道。

美丽的秦皇岛港

秦皇岛港西是著名的北戴河避暑胜地，港东有“天下第一关”的山海关，优美的风景吸引了世界各地的游人。

shang bā shí duō gè guó jiā hé dì qū de gǎng
上八十多个国家和地区的港
kǒu tōng háng xiān hòu kāi tōng le zhì xiāng gǎng
口通航，先后开通了至香港、
rì běn hán guó děng sì tiáo jí zhuāng xiāng bān
日本、韩国等四条集装箱班
lún háng xiàn
轮航线。

▲秦皇岛港繁忙的码头。

qín huáng dǎo gǎng zì nián jiàn gǎng
秦皇岛港自1893年建港
zhì jīn yǐ yǒu yì bǎi duō nián de lì shǐ mù
至今已有一百多年的历史，目
qián gòng yǒu gè méi tàn zhuān yè huà bó
前共有13个煤炭专业化泊
wèi tóng shí yōng yǒu sì gè yuán yóu jí chéng
位。同时拥有四个原油及成
pǐn yóu bó wèi
品油泊位。

运输便利的天津港

ZOUJIN AOMI SHIJIE

tiān jīn gǎng wèi yú huá běi píng yuán hǎi hé rù hǎi kǒu tā shì běi jīng hé
天津港位于华北平原海河入海口，它是北京和
tiān jīn shì de hǎi shàng mén hù yě shì yà ōu dà lù qiáo de qǐ diǎn zhī yī
天津市的海上门户，也是亚欧大陆桥的起点之一。

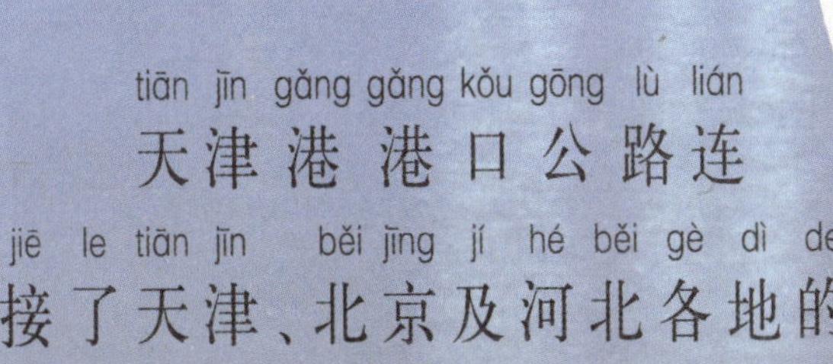

tiān jīn gǎng gǎng kǒu gōng lù lián
天津港港口公路连
jiē le tiān jīn běi jīng jí hé běi gè dì de
接了天津、北京及河北各地的
gōng lù wǎng jí zhuāng xiāng de yùn shū fēi cháng biàn lì háng kōng yùn shū
公路网，集装箱的运输非常便利。航空运输
fāng miàn yǒu tiān jīn jī chǎng kě gōng shǐ yòng hǎi hé xià yóu háng dào chàng
方面有天津机场可供使用。海河下游航道畅
tōng yǒu èr shí duō tiáo yuǎn yáng háng xiàn tōng wǎng shì jiè gè dì
通，有二十多条远洋航线通往世界各地。

遍布古迹的连云港

ZOUJIN AOMI SHIJIE

lián yún gǎng wèi yú jiāng sū shěng dōng běi
连云港位于江苏省东北
bù qí shān hǎi qí guān míng shèng gǔ jì biàn
部。其山海奇观、名胜古迹遍
bù wù chǎn zī yuán lǚ yóu zī yuán jūn shí fēn fēng fù lián yún gǎng shì quán
布，物产资源、旅游资源均十分丰富。连云港是全
guó gè zhòng diǎn lǚ yóu chéng shì zhī yī sù yǒu huái kǒu jù zhèn dōng
国49个重点旅游城市之一，素有“淮口巨镇”、“东
nán míng jùn zhī chēng
南名郡”之称。

lián yún gǎng shì shì xīn yà ōu dà lù
连云港市是新亚欧大陆
qiáo dōng fāng de qiáo tóu bǎo
桥东方的桥头堡，
zhōng guó shǒu pī kāi fàng de
中国首批开放的
gè yán hǎi chéng shì zhī
14个沿海城市之
yī ér lián yún gǎng shì
一。而连云港是

zhōng guó bā dà hǎi gǎng zhī yī quán cháng
中国八大海港之一，全长6

mǐ de lán hǎi dà bà jū zhōng guó zhī guàn
700米的拦海大坝居中国之冠，

hào chēng shén zhōu dì yī bà
号称“神州第一坝”。

lián yún gǎng jiāo tōng biàn jié yǒu jiào hǎo de
连云港交通便捷，有较好的

yùn shū tiáo jiàn qí dì chǔ yà ōu dà lù qiáo de
运输条件。其地处亚欧大陆桥的

dōng duān shì wǒ guó xī běi zhōng yuán dì qū
东端，是我国西北、中原地区

zuì jīng jì hé zuì biàn
最经济和最便

jié de chū hǎi kǒu
捷的出海口。

风景优美

连云港市以其优美的风景闻名全国。东海县盛产水晶，有“水晶之都”的美誉；此处还有传说中的孙悟空居住的花果山以及如梦似幻的云台山。

新亚欧大路桥

新亚欧大陆桥东起中国连云港，西至荷兰鹿特丹，全长10 900千米，以中国、中亚、欧洲铁路为陆上桥梁，横贯亚欧大陆。

位置

连云港位于黄海之滨，中国沿海中部的海州湾西南岸。

中国最大的港口
——上海港

ZOUJIN AOMI SHIJIE

shàng hǎi gǎng shì zhōng guó zuì dà de gǎng kǒu shuǐ lù yùn shū de zhòng
上海港是中国最大的港口，水陆运输的重
yào shū niǔ dì chǔ zhōng guó hǎi àn xiàn zhōng bù shì cháng jiāng rù hǎi mén
要枢纽，地处中国海岸线中部，是长江入海门

上海港？

上海港所在的上海市是全国最大的经济、科技、文化中心，也是全国最大的港口城市。自从浦东新区开发以来经济发展更加迅速。2010年，上海世博会的胜利召开，向世界显示了上海的城市综合力。

hù shàng hǎi gǎng tōng guò hǎi yùn lù yùn kōng yùn yú quán guó gè dì shì
户。上海港通过海运、陆运、空运与全国各地和世
jiè gè guó jìn xíng zhe pín fán de jīng jì jiāo liú dào mù qián wéi zhǐ lián jiē
界各国进行着频繁的经济交流。到目前为止，连接
shàng hǎi gǎng de nèi hé háng dào gòng yǒu tiáo shang hǎi gǎng yǐ yú shì jiè
上海港的内河航道共有225条，上海港已与世界
shàng duō gè guó jiā hé dì qū de duō gè gǎng kǒu yǒu mào yì yùn shū
上160多个国家和地区的400多个港口有贸易运输
wǎng lái
往来。

海岸曲折的宁波港

níng bō gǎng wèi yú zhè jiāng shěng níng bō shì dì chǔ zhōng guó dà lù hǎi
宁波港位于浙江省宁波市，地处中国大陆海
àn xiàn zhōng bù shì guó jiā zhòng diǎn jiàn shè de dà lù yán hǎi sì gè guó jì
岸线中部，是国家重点建设的大陆沿海四个国际
shēn shuǐ zhōng zhuǎn gǎng zhī yī yóu yú bèi kào dī shān qiū líng qū hǎi àn qū
深水中转港之一。由于背靠低山丘陵区，海岸曲

zhé shēn shuǐ àn xiàn cháng níng bō gǎng chí duō qiě guī mó dà níng bō gǎng
折，深水岸线长，宁波港池多且规模大。宁波港
yóu běi lún gǎng qū zhèn hǎi gǎng qū dà xiè gǎng qū chuān shān gǎng qū hé
由北仑港区、镇海港区、大榭港区、穿山港区和
níng bō lǎo gǎng qū zǔ chéng gòng yǒu shēng chǎn xìng bó wèi gè qí zhōng
宁波老港区组成，共有生产性泊位311个，其中
wàn dūn jí yǐ shàng de shēn shuǐ bó wèi gè jí zhuāng xiāng bān lún háng xiàn
万吨级以上的深水泊位64个，集装箱班轮航线
tiáo
163条。

宁波港

宁波港位于浙江东海岸，包括北仑、宁波、镇海、大榭、穿山五个港区，其中北仑港是是我国第一座10万吨级的矿石转运码头。经交通部同意，2006年1月1日起，“宁波－舟山港”正式启用。

工业发达的高雄港

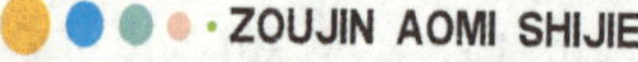

gāo xióng gǎng shì zhōng guó tái wān shěng
高雄港是中国台湾省
zuì dà de hǎi gǎng tā shì yí gè dà xíng zōng
最大的海港。它是一个大型综
hé xìng gǎng kǒu yǒu wàn dūn jí de shí yóu
合性港口，有10万吨级的石油
mǎ tóu tiān rán qì mǎ tóu hé jí zhuāng xiāng mǎ
码头、天然气码头和集装箱码
tóu gǎng kǒu shè yǒu bǎi wàn dūn jí dà xíng chuán
头。港口设有百万吨级大型船
wù hé liǎng zuò wàn dūn jí bó yùn shè shī
坞和两座25万吨级泊运设施。

观光港口

高雄港是高雄观光产业的主角。游客们可以乘坐专门的观光船观赏高雄港的美景。高雄港附近的景色有旗津风景区、西子湾风景区等。

经济发达

台湾的临海工业很发达，高雄地区是台湾的工业中心，以高雄港为中心发展起来将近3 500余家企业，经济高度发达。

tái wān lín hǎi gōng yè fā dá wéi rào gāo xióng
台湾临海工业发达，围绕高雄
gǎng de qǐ yè zhǔ yào wèi zhòng gōng yè hé shí
港的企业主要为重工业和石
huà gōng yè fú wù gāo xióng gǎng hái shi tái
化工业服务。高雄港还是台
wān zhòng yào de lǚ yóu guān guāng dì cháng
湾重要的旅游观光地。徜
yáng zài gǎng kǒu de hǎi yù shang kě yǐ guān
徉在港口的海域上，可以观
shǎng dào gāo xióng gǎng de xióng wěi jiàn shè fán
赏到高雄港的雄伟建设、繁
máng de mǎ tóu zhuāng xiè chǎng miàn hǎi shang
忙的码头装卸场面、海上
yōu měi de fēng guāng
优美的风光。

港湾深阔的香港维多利亚港

ZOUJIN AOMI SHIJIE

xiāng gǎng wéi duō lì yà gǎng shì yóu xiāng gǎng dǎo hé jiǔ lóng bàn dǎo huán
香港维多利亚港是由香港岛和九龙半岛环
bào ér chéng de hǎi gǎng shì xiāng gǎng dì yī dà gǎng yǔ měi guó jiù jīn
抱而成的海港，是香港第一大港，与美国旧金
shān bā xī lǐ yuē rè nèi lú bìng chēng wéi shì jiè sān dà tiān rán liáng gǎng
山、巴西里约热内卢并称为世界三大天然良港。
wéi duō lì yà gǎng gǎng wān shēn kuò kě yǐ tíng bó yuǎn yáng jù lún
维多利亚港港湾深阔，可以停泊远洋巨轮。

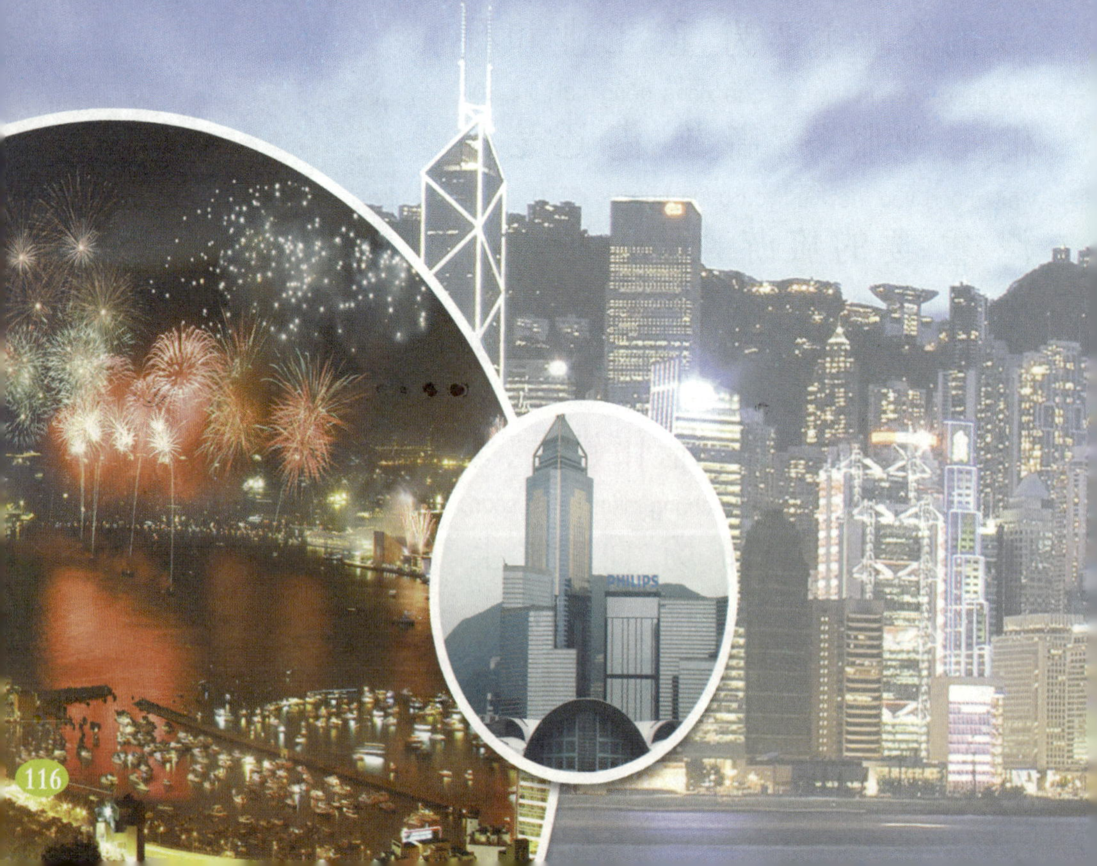

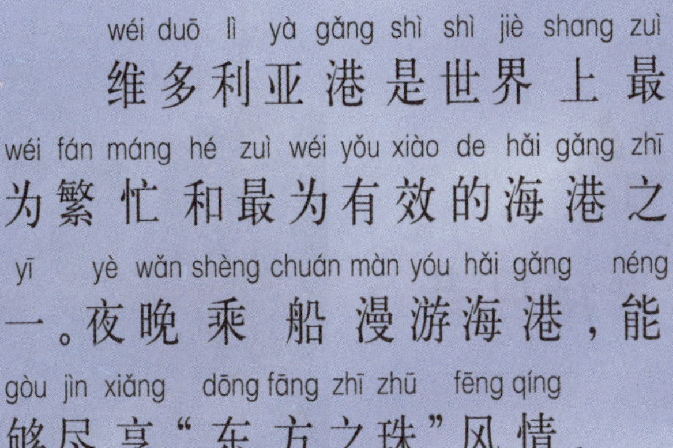

wéi duō lì yà gǎng shì shì jiè shang zuì
维多利亚港是世界上最
wéi fán máng hé zuì wéi yǒu xiào de hǎi gǎng zhī
为繁忙和最为有效的海港之
yī yè wǎn shèng chuán màn yóu hǎi gǎng néng
一。夜晚乘船漫游海港，能
gòu jìn xiǎng dōng fāng zhī zhū fēng qíng
够尽享“东方之珠”风情。

美丽的港口

维多利亚港海岸线长，两岸景点数不胜数，尤其夜景极其美丽。美国《国家地理杂志》将这里列为“人生50个必到的景点之一”。

平静的港口

维多利亚港港区周围有群山和岛屿作为屏障，形成两头可通的巨型袋式避风港，除侵袭而来的台风以外，通常港内风平浪静。

李小龙
李小龙是香港人心目中的英雄。

畅通无阻的

鹿特丹港

hé lán de lù tè dān gǎng shì shì jiè dì yī
荷兰的鹿特丹港是世界第一
dà gǎng wèi yú lái yīn hé yǔ mǎ sī hé hé kǒu
大港，位于莱茵河与马斯河河口，
yǒu ōu zhōu mén hù zhī chēng
有“欧洲门户”之称。

lù tè dān gǎng shì yí gè diǎn xíng de hé kǒu gǎng hǎi yáng xìng qì hòu
鹿特丹港是一个典型的河口港，海洋性气候
shí fēn xiǎn zhù chuán zhī sì jì jìn chū gǎng kǒu chàng tōng wú zǔ lù tè dān
十分显著，船只四季进出港口畅通无阻。鹿特丹
gǎng gǎng qū zǒng bó wèi gè kě tíng bó wàn dūn de tè dà yóu
港港区总泊位656个，可停泊54.5万吨的特大油

先进的鹿特丹港

鹿特丹港设备先进，集装箱运输都用电脑控制。

lún lù tè dān gǎng qū fú wù de zuì dà tè diǎn
轮。鹿特丹港区服务的最大特点
shì chǔ yùn xiāo yì tiáo lóng tōng guò yì xiē bǎo
是储、运、销一条龙。通过一些保
shuì cāng kù hé huò wù fēn bō zhōng xīn jìn xíng chǔ yùn hé zài jiā gōng tí gāo
税仓库和货物分拨中心进行储运和再加工，提高
huò wù de fù jiā zhí rán hòu tōng guò gōng lù tiě lù hé dào kōng yùn
货物的附加值，然后通过公路、铁路、河道、空运、
hǎi yùn děng duō zhǒng yùn shū lù xiàn jiāng huò wù sòng wǎng shì jiè gè dì
海运等多种运输路线将货物送往世界各地。

小孩堤防

鹿特丹的小孩堤防的风车密度是全世界最高的，1997年，联合国教科文组织将这里的风车群列为世界文化遗产名单。

世界第一港口

从1961年开始，鹿特丹港的货物吞吐量首次超过纽约，成为世界第一大港，此后一直保持这个地位。2000年的年货物吞吐量达3.2亿吨，创历史新高。

自然条件优越的美国纽约港

niǔ yuē gǎng shì shì jiè shang zuì dà de tiān rán shēn shuǐ gǎng zhī yī tā
纽约港是世界上最大的天然深水港之一。它
yǒu liǎng tiáo zhǔ yào háng dào yì tiáo shì hā dé xùn hé kǒu wài nán miàn de ēn bù
有两条主要航道，一条是哈得逊河口外南面的恩布
lóu sī háng dào lìng yì tiáo shì cháng dǎo hǎi xiá hé dōng hé niǔ yuē
娄斯航道。另一条是长岛海峡和东河。纽约
gǎng fù dì guǎng kuò gōng lù wǎng
港腹地广阔，公路网、
tiě lù wǎng nèi hé háng dào wǎng hé
铁路网、内河航道网和

háng kōng yùn shū wǎng sì tōng bā dá
航空运输网四通八达。

niǔ yuē gǎng qū zì rán tiáo jiàn shí fēn yōu yuè
纽约港区自然条件十分优越，
yǒu zòng shēn de gǎng wān kǒu dài xíng
有纵深的港湾，口袋形
de rù hǎi kǒu bù lǔ kè lín nán
的入海口。布鲁克林南
duān dōng xī zǒu xiàng de bàn dǎo bù fen
端东西走向的半岛部分，
chéng wéi niǔ yuē gǎng de tiān rán píng zhàng
成为纽约港的天然屏障。
niǔ yuē gǎng jù yǒu shēn kuān yǐn bì
纽约港具有深、宽、隐蔽、
cháo chā xiǎo dōng tiān bù jié bīng cháng
潮差小、冬天不结冰、常
nián kě tōng háng děng yōu diǎn
年可通航等优点。

繁忙的新加坡港

ZOUJIN AOMI SHIJIE

集装箱的泊位

新加坡港的集装箱泊位。

xīn jiā pō gǎng dì chǔ xīn jiā pō dǎo nán
新加坡港地处新加坡岛南
duān gāi gǎng dōng xī cháng qiān mǐ nán běi
端。该港东西长42千米，南北
kuān qiān mǐ shì tiān rán de liáng gǎng
宽22.5千米，是天然的良港。

xīn jiā pō gǎng shǔ rè dài yǔ lín qì hòu
新加坡港属热带雨林气候。
měi nián de yuè zhì cì nián yuè wéi duō yǔ
每年的10月至次年3月为多雨
qī nián píng jūn jiàng yǔ liàng yuē èr qiān sì bǎi
期，年平均降雨量约二千四百
háo mǐ gāi gǎng shǔ quán rì cháo gǎng píng jūn
毫米。该港属全日潮港，平均

cháo chā wéi mǐ
潮差为2.2米。

jìn jǐ nián lái xīn jiā pō gǎng yǐ chéng
近几年来，新加坡港已成
wéi shì jiè shang zuì fán máng de gǎng kǒu zhī yī
为世界上最繁忙的港口之一，
gòng yǒu èr bǎi wǔ shí duō tiáo háng xiàn wǎng lái yú
共有二百五十多条航线往来于
shì jiè gè dì yuē yǒu bā shí gè guó jiā hé dì
世界各地，约有八十个国家和地
qū de yì bǎi sān shí duō jiā chuán yùn gōng sī de
区的一百三十多家船运公司的
gè zhǒng chuán bó rì yè jìn chū gāi gǎng
各种船舶日夜进出该港。

xīn jiā pō yǒu shì jiè lì yòng lǜ zuì gāo
新加坡有“世界利用率最高
de gǎng kǒu de měi yù
的港口”的美誉。

新加坡经济

新加坡港是世界三大炼油中心之一，此外还有电子电器、炼油和船舶修造三大支柱产业，电子产品、纺织业、食品业也很发达。

荣获殊荣

2011年，在“第25届亚洲货运及物流链奖”颁奖典礼上，新加坡再一次获得亚洲最佳海港称号，这是它第23次荣获此项殊荣。

世界亿吨大港——日本横滨港

héng bīn gǎng wèi yú rì běn běn zhōu dōng nán bù de guān dōng dì qū duō mó qiū líng nán bù shì rì běn dì èr dà gǎng kǒu yě shì shì jiè shí dà jí zhuāng xiāng gǎng kǒu zhī yī héng bīn gǎng de zhōng bù wéi shāng yè gǎng qū liǎng cè hé hòu miàn dōu shì gōng yè gǎng qū gāi gǎng zài jié yuē chéng běn de tóng shí wèi shì jiè gè dì de chuán zhī tí gōng le gèng jiā gāo xiào yōu zhì de fú wù

横滨港位于日本本州东南部的关东地区，多摩丘陵南部，是日本第二大港口，也是世界十大集装箱港口之一。横滨港的中部为商业港区，两侧和后面都是工业港区。该港在节约成本的同时，为世界各地的船只提供了更加高效、优质的服务。

横滨港？

横滨港是日本最早对外开放的港口之一，横滨是日本的第二大城市。横滨市有极具中国文化特色的唐人街——横滨中华街，还有“空中走廊”美誉的横滨港湾大桥，以及风景迷人的山下公园。

地标大厦。

日本横滨的标志性建筑——地标大厦。

风景优美

横滨港不仅货物往来繁忙,且风景优美。

海上餐厅

日本横滨港海上餐厅。

设备先进的法国马赛港

ZOUJIN AOMI SHIJIE

mǎ sài gǎng shì fǎ guó hé dì zhōng hǎi yán àn de dì yī dà huò wù tūn
马赛港是法国和地中海沿岸的第一大货物吞
tǔ gǎng yě shì ōu zhōu dì èr dà shí yóu jìn chū
吐港，也是欧洲第二大石油进出
gǎng gǎng qū fēn dōng xī liǎng bù fen xiāng
港。港区分东西两部分，相
jù yuē qiān mǐ qí tūn tǔ néng
距约40千米，其吞吐能

lì jū ōu zhōu dì èr wèi shì jiè dì wǔ wèi mǎ sài gǎng shuǐ shēn gǎng kuò
力居欧洲第二位，世界第五位。马赛港水深港阔，
shè bèi xiān jìn dì lǐ tiáo jiàn dé tiān dú hòu wàn dūn jí lún chuán kě chàng
设备先进，地理条件得天独厚，万吨级轮船可畅
tōng wú zǔ zuò wéi fǎ guó duì wài mào yì de zuì dà mén hù mǎ sài gǎng zhǔ
通无阻。作为法国对外贸易的最大门户，马赛港主
yào chéng dān yuán yóu hé shí yóu zhì pǐn de jìn chū kǒu fán
要承担原油和石油制品的进出口。繁
róng de hǎi shang mào yì shǐ mǎ sài gōng yè chéng wéi fǎ
荣的海上贸易使马赛工业成为法
guó liàn yóu gōng yè hé zào chuán gōng yè de zhōng xīn
国炼油工业和造船工业的中心。

欧洲第二大港口

马赛港的新港仅次于鹿特丹港，是欧洲第二大港口，还是世界最大的客运港口之一。

图书在版编目（CIP）数据

令孩子着迷的海洋奥秘传奇 / 雨田主编 . — 沈阳：辽宁美术出版社，2018.7

（走进奥秘世界）

ISBN 978-7-5314-8084-6

Ⅰ. ①令… Ⅱ. ①雨… Ⅲ. ①海洋 – 青少年读物 Ⅳ. ① P7-49

中国版本图书馆 CIP 数据核字 (2018) 第 146505 号

出 版 社：辽宁美术出版社

地　　址：沈阳市和平区民族北街 29 号　邮编：110001

发 行 者：辽宁美术出版社

印 刷 者：北京一鑫印务有限责任公司

开　　本：650mm × 950mm　1/16

印　　张：8

字　　数：80 千字

出版时间：2018 年 7 月第 1 版

印刷时间：2018 年 7 月第 1 次印刷

责任编辑：童迎强

装帧设计：新华智品

责任校对：郝　刚

ISBN 978-7-5314-8084-6

定　　价：29.80 元

邮购部电话：024-83833008

E-mail：lnmscbs@163.com

http：//www.lnmscbs.com

图书如有印装质量问题请与出版部联系调换

出版部电话：024-23835227